地球科学博物馆科普丛书

浩瀚时空博览

吴文盛 张维婷 ⊙ 主编

中国石油大学出版社
CHINA UNIVERSITY OF PETROLEUM PRESS

图书在版编目(CIP)数据

浩瀚时空博览 / 吴文盛,张维婷主编 . 一东营:
中国石油大学出版社,2017.5
(地球科学博物馆科普丛书)
ISBN 978-7-5636-5562-5

Ⅰ. ①浩…　Ⅱ. ①吴…②张…　Ⅲ. ①地球科学－青
少年读物　Ⅳ. ① P-49

中国版本图书馆 CIP 数据核字(2017)第 098181 号

丛 书 名:地球科学博物馆科普丛书
书　　名:浩瀚时空博览
主　　编:吴文盛　张维婷

责任编辑:刘平娟(电话　0532 — 86983561)
封面设计:荆棘设计

出 版 者:中国石油大学出版社
　　　　　(地址:山东省青岛市黄岛区长江西路 66 号　邮编:266580)
网　　址:http://www.uppbook.com.cn
电子邮箱:suzhijiaoyu1935@163.com
排 版 者:青岛友一广告传媒有限公司
印 刷 者:沂南县汶凤印刷有限公司
发 行 者:中国石油大学出版社(电话　0532 — 86983437)
开　　本:185 mm × 260 mm
印　　张:11.75
字　　数:175 千
版 印 次:2017 年 7 月第 1 版　2018 年 5 月第 2 次印刷
书　　号:ISBN 978-7-5636-5562-5
定　　价:36.00 元

编 委 会

河北省科学技术研究与发展计划科普专项(项目编号:15K4210D)资助

前　言

　　宇宙的年龄有多大？为什么宇宙还在膨胀？宇宙有多少个发光的星体？

　　太阳系有多少颗行星？冥王星为什么被科学家贬为矮行星？

　　地球的内部结构怎样？为什么地球上经常出现火山爆发、地震活动、海啸和龙卷风？为什么地球上一些地方经常闹洪灾，另一些地方却常年干旱缺水？如何避免或者减少地质灾害带来的损失？

　　为什么黄金只有金黄色一种颜色，水晶却呈现出无色、粉红色、紫色、黄色、绿色和黑色等多种颜色？为什么同为碳的单质，钻石硬度很大，石墨却很软？为什么成分同样是 SiO_2，水晶呈六方柱锥状，而玛瑙围绕空洞生长形成环状结构？

　　猿猴是怎么演变成人的？恐龙为什么会在白垩纪晚期大灭绝？恐龙蛋长什么样子？中国人的图腾龙的原型在哪里？

　　宇宙的神秘，大自然的鬼斧神工，有许多未解之谜亟待我们去破解。

　　本书取名《浩瀚时空博览》，旨在揭开神秘宇宙的面纱、描绘千姿百态的地质地貌、展示大自然的巧夺天工、探寻中生代地球上的霸主等，引领青少年感受这个神奇的世界，满足他们的好奇心和探索欲。本书有以下几个特点：一是取材上以河北地质大学地球科学博物馆丰富的馆藏标本为主；二是内容创作上突出科学性、知识性、通俗性和趣味性，在介绍科普知识的同时，增加"侧栏故事"和"小知识"，使专业性较强的地学知识更具趣味性；三是表现形式上多采用图片和通俗文字相结合的方式，方便青少年阅读。

全书共五篇：《宇宙与地球篇》，重点介绍宇宙大爆炸，太阳系的形成与演变，地球的基本性质、圈层构造和内外动力地质作用，以及人类探索太空奥秘的伟大成就；《矿物、岩石与矿产篇》，重点介绍矿物、岩石和矿产的分类以及代表性岩石、矿物、矿产标本；《宝石篇》，重点介绍宝石的特点和成因以及钻石、海蓝宝石、塔菲石、翡翠、和田玉、水胆玛瑙、鸡血石等典型的珠宝玉石；《古生物篇》，主要介绍生命的起源和生物进化各阶段的代表化石，包括石燕、菊石、狼鳍鱼、猛犸象等；《恐龙篇》，主要介绍恐龙的分类、生存年代和灭绝的原因，重点介绍了发现于河北省阳原县的"不寻常华北龙""天镇龙"等化石。

编　者

2017 年 1 月 12 日

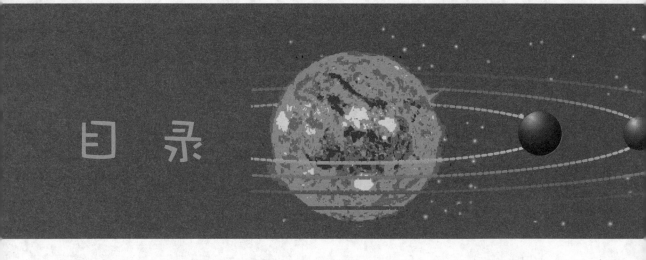

目 录

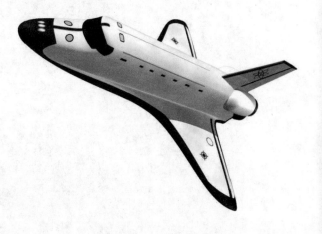

古生物篇

恐龙篇

参考文献

后　记

宇宙与地球篇

仰望星空

温家宝

我仰望星空，
它是那样辽阔而深邃；
那无穷的真理，
让我苦苦地求索追随。

我仰望星空，
它是那样庄严而圣洁；
那凛然的正义，
让我充满热爱、感到敬畏。

我仰望星空，
它是那样自由而宁静；
那博大的胸怀，
让我的心灵栖息依偎。

我仰望星空，
它是那样壮丽而光辉；
那永恒的炽热，
让我心中燃起希望的烈焰、响起春雷。

第一章　步入太空

　　夜晚的星空是那样辽阔而深邃，当你仰望星空时，是否会产生无限遐想？是否想寻找天空的尽头？是否想拜访月亮上的嫦娥？是否想摘下天空中最亮的那颗星星？……从古至今，人们一直对宇宙充满着幻想，于是开始了一段漫长而崎岖的探索道路。探索手段从最初的肉眼观察，发展到用天文望远镜观察，现在又出现了太空探测器、宇宙飞船、航天飞机、空间站等，人类也逐步实现了飞天梦！

一、天文望远镜

　　天文望远镜是观测天体的重要工具，以构造来分类，可分为折射望远镜、反射望远镜和折反射望远镜三大类。我们熟悉的伽利略式望远镜和开普勒式望远镜都属于折射望远镜。

 侧栏故事

天文望远镜的诞生

1608 年,荷兰小镇一家眼镜店的眼镜师汉斯·李波尔无意中发现,透过前后放置的一块凸透镜和一块凹透镜可以看到远处的物体变近了。他惊喜万分,并给自制的望远镜申请了专利。

几个月之后,意大利物理学家、天文学家伽利略获知了这个消息,通过不断的改良,在 1609 年 10 月制造出能放大 30 倍的望远镜,并首次将这架望远镜指向了天空,观察到月球崎岖的表面、木星的四颗卫星、金星的圆缺变化等,从此揭开了用天文望远镜观察天文现象的序幕。可以说,伽利略制造了真正意义上的天文望远镜。

二、宇宙飞船

宇宙飞船的外形其实并不像船，但是因为它在地球和太空之间飞来飞去，并且能像船一样载人载物，所以称它为飞船。

　　一般来讲，载人飞船有三个舱段，即推进舱、返回舱和轨道舱。推进舱又名动力舱，给飞船提供动力或调整航向。返回舱是航天员的"驾驶室"，飞船返回时，只有返回舱返回地面。航天员除了升空和返回时要进入返回舱以外，其他时间都在轨道舱里，轨道舱集工作、吃饭、睡觉和盥洗等诸多功能于一体。

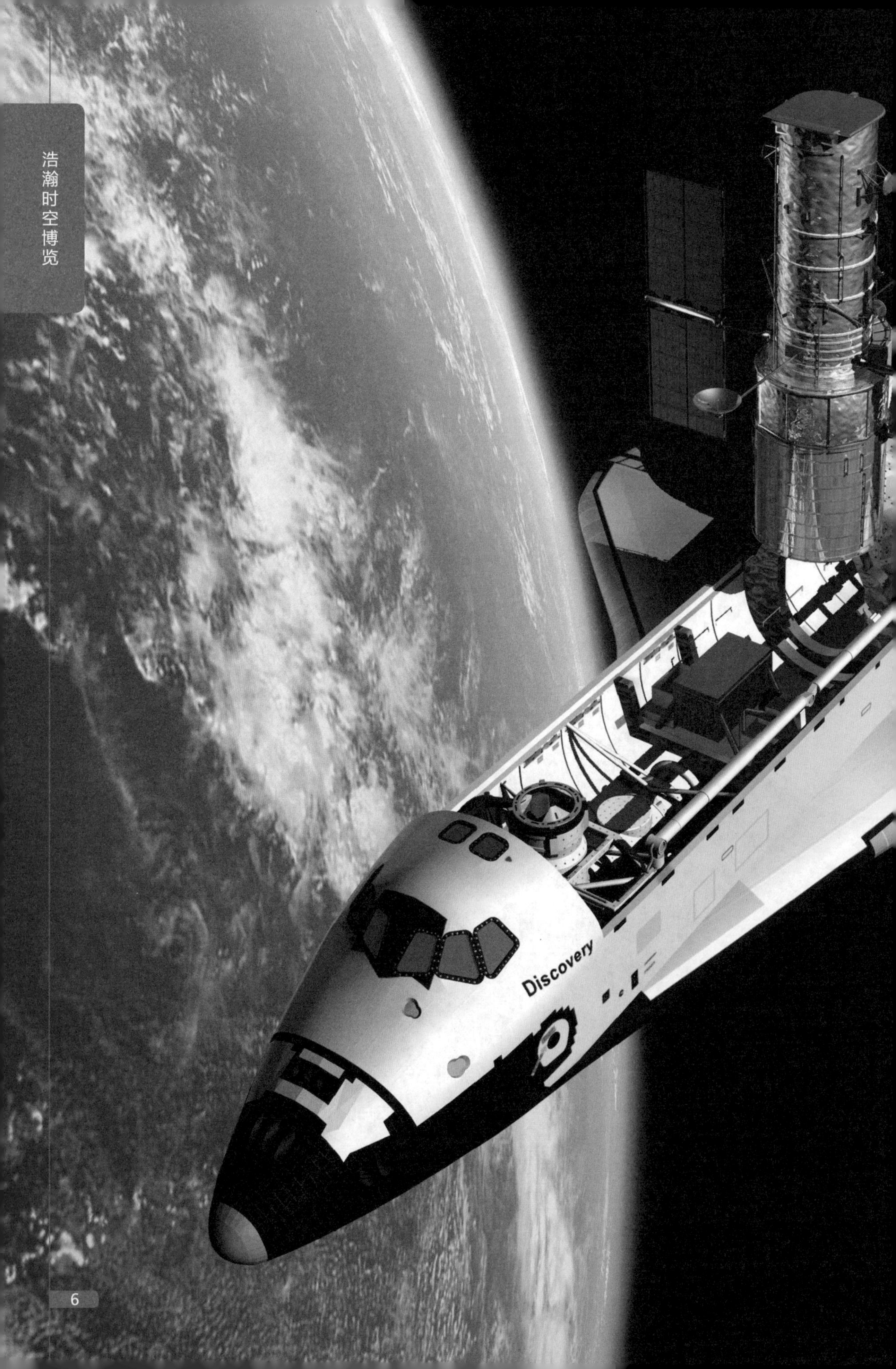
Discovery

三、航天飞机

航天飞机结合了飞机与航天器的优点,可以像火箭那样垂直起飞,像载人飞船那样在轨道上运行,像飞机那样滑翔并在地面上水平着陆。航天飞机可以往返于地球表面和近地轨道之间运送人员和货物,执行空间交会、对接、停靠、科学实验,发射、回收或检修卫星等任务。目前,世界上仅有美国和苏联成功发射过航天飞机。

小知识

宇宙飞船和航天飞机有什么不同?

首先,外形上,宇宙飞船一般呈圆柱体或大圆球形,航天飞机呈飞机形。其次,利用方式上,宇宙飞船是一次性的,航天飞机是可以反复使用的。再次,返回方式上,宇宙飞船进入大气层后靠降落伞降落,按照设计,一般降落到沙漠、草原、海洋等广阔的区域;航天飞机进入大气层后是靠滑翔降落的,精确地降落到指定的机场跑道上。最后,作用上,航天飞机尺寸大,装载的人员和设备较多,可以承担的任务也较多、较复杂,宇宙飞船则相反。

第二章　宇　宙

太阳的昼夜交替、月亮的圆缺相变、星辰的斗转变迁、春秋的周而复始、彗星划破天际、流星转瞬即逝等诸多自然现象引发了人类不断探索宇宙的秘密。如今,人类已步入太空,登陆月球……宇宙的神秘面纱被徐徐掀开,浩渺太空的形成和生命诞生的历程逐渐展现在我们眼前,即便如此,仍有许许多多未解之谜等着我们继续探寻。让我们一起开启奇妙的宇宙探秘之旅吧!

一、宇宙

宇宙是由空间、时间、物质和能量构成的统一体,是一切空间和时间的总和。根据宇宙大爆炸理论推算,宇宙的年龄大约为 138 亿年。

几千年前,人类就开始相信宇宙是永恒的。夜空中的群星早已存在,而它们也应该会像今夜那样一直闪耀下去,年复一年,直至永远。后来,人们又意识到地球、太阳甚至太阳系所在的整个星系都只是浩瀚星海中的一个普通岛屿而已。整个宇宙从最大的视角上看应该是非常均匀的——地球所处的角落应该和宇宙中每一个遥远的角落异常相似,这就是所谓的哥白尼原理。这样,环绕地球的宇宙不仅在时间上无限,在空间上也是无限的。

在 138 亿年前，宇宙是一个超高温高压的"奇点"，在某一时刻，它突然膨胀、爆炸。爆炸之初，宇宙中的物质只能以中子、质子、电子、光子和中微子等基本粒子形态存在。爆炸之后，宇宙不断膨胀，导致温度和密度很快下降。随着温度降低，宇宙中的物质逐步形成原子、原子核、分子，并复合成通常的气体。气体逐渐凝聚成星云，星云进一步形成各种各样的恒星和星系，最终形成现在我们所看到的宇宙。这就是宇宙大爆炸理论。据说，宇宙爆炸那一刻的温度高达 1×10^{12} ℃，35 秒后，降为 3×10^{9} ℃，化学元素开始形成。

也许有人会问：宇宙到底有多大呢？宇宙的将来会怎么样呢？会不会有外星人呢？现在的宇宙可以说是空间上无边无际，时间上无始无终，由众多的星系组成，是天地万物的总称。目前，人类所能观测到的地方有 200 亿光年（光年，长度单位，指光在一年时间内行走的距离，1 光年 = 94 600 亿千米），已发现大约 10 亿个河外星系。但到目前为止，人类尚未发现外星人的存在。

宇宙大爆炸示意图

1. 恒星

恒星是由非固态、液态、气态的第四态等离子体组成的能自己发光的球状或类球状天体。由于恒星离地球太远,不借助于特殊工具和方法很难发现它们在天空中的位置变化,因此古人把它们当作是固定不动的星体。地球所处的太阳系的主星太阳就是一颗恒星,由于白天有太阳照耀,无法看到其他恒星,所以只有在夜晚才能看见其他恒星。

小知识

星 座

星座是一群在天球上投影位置相近的恒星组合。国际天文学联合会把天空精确地划分为88个星座。星座在很久以前就被水手、旅行者当作识别方向的重要标志,随着科技的发展,星座用于方向识别的作用逐渐减弱,但是航天器仍要通过识别亮星来确定自身的位置和航向。

2. 行星

行星的名字来自它们在天空中的位置不固定,好像在星空中行走一般。如何定义行星在天文学上一直是个备受争议的问题。国际天文学联合会2006年8月24日召开大会通过了行星的新定义,这个定义包括三层含义:一是必须是围绕恒星运转的天体;二是质量必须足够大,能克服固体引力以达到流体静力平衡的形状(近于球体);三是必须能清除轨道附近的小天体,公转轨道范围内不能有比它更大的天体。

太阳系内肉眼可见的五颗行星——水星、金星、火星、木星和土星早在史前就已经被人类发现了。16世纪后日心说取代了地心说,人类了解到地球本身也是一颗行星。望远镜被发明和万有引力被发现后,人类又发现了天王星、海王星和为数不少的小行星。

3. 卫星

卫星是指围绕一颗行星并按闭合轨道做周期性运行的天然天体,人造卫星一般亦可称为卫星。人造卫星是由人类建造,用太空飞行载具,如火箭、航天飞机等,发射到太空中,像天然卫星一样环绕地球或其他行星运行的装置。

八大行星中,除了水星和金星以外都有自己的卫星,已发现卫星最多的是木星,具有 63 颗,已被命名的有 48 颗。月球就是地球的一颗卫星。

小知识

我国第一颗人造卫星

1970 年 4 月 24 日,中国自行设计、制造的第一颗人造地球卫星"东方红一号"由"长征一号"运载火箭一次发射成功。卫星运行轨道距地球最近点 439 千米,距地球最远点 2 384 千米,轨道平面和地球赤道平面的夹角为 68.5°,绕地球一周需 114 分钟。卫星重 173 千克,用 20 009 兆周的频率播送《东方红》乐曲。

4. 彗星

彗星是星际间的物质,其英文单词 comet 由希腊文演变而来,意思是"尾巴"或"毛发",也有"长发星"的含义;中文的"彗"字,则是"扫帚"的意思,所以彗星又被称为扫把星。人们往往把战争、瘟疫等灾难归罪于彗星的出现,但毫无科学根据。据《春秋》记载,公元前 613 年,"有星孛入于北斗",这是世界上公认的首次关于哈雷彗星的确切记录,比欧洲早 670 多年。虽然彗星威力巨大,但撞击地球的可能性微乎其微。

二、银河系

银河系,古称银河、天河、星河、天汉、银汉等,是太阳系所处的星系,由1 000亿～4 000亿颗恒星、数千个星团和星云组成的棒旋星系系统,是一个中间厚、边缘薄的扁平盘状体,直径约为120 000光年,中心厚度约为12 000光年。它的主要部分称为银盘,呈旋涡状,总质量约为太阳的10 000亿倍。银盘外面是由稀疏的恒星和星际物质组成的球状体,称为银晕。太阳属于这个庞大星系的恒星之一,地球则属于太阳系的一颗行星。

 侧栏故事

牛郎织女的传说

这是一个凄美的爱情故事。织女和牛郎情投意合,但是违反了天条,王母娘娘为拆散这对恋人,拔下头上的金簪一挥,于是一道波涛汹涌的银河就出现了。牛郎和织女被隔在银河两岸,只能隔河相望。他们忠贞的爱情感动了喜鹊,千万只喜鹊飞来,搭成鹊桥,让牛郎和织女上桥相会,王母娘娘对此也很无奈,只好允许两人在每年的农历七月初七于鹊桥相会。

三、太阳系

太阳系是银河系的一部分,而太阳是银河系较典型的恒星,离星系中心 25 000 ~ 28 000 光年。太阳系的移动速度约为 220 千米 / 秒,22 600 万年转一圈。

太阳系包括太阳和所有受到太阳引力约束的天体集合体:8 颗行星、至少 164 颗已知的卫星、5 颗已经辨认出来的矮行星(冥王星、谷神星、阋神星、妊神星和鸟神星)和数以亿计的太阳系小天体。这些小天体包括小行星带天体、柯伊伯带天体、彗星和星际尘埃。

1. 太阳

太阳位于太阳系的中心,并以引力主宰着太阳系。太阳是太阳系里唯一自身会发光的天体,其直径约为 140 万千米,是地球直径的 109 倍;质量约为 2×10^{30} 千克,是地球质量的 33 万倍,约占太阳系总质量的 99.86%。目前,太阳正处在演化阶段的壮年期,它的亮度仍会与日俱增。组成太阳的物质多为普通气体,其中氢约占 71%,氦约占 27%,其他元素约占 2%。

太阳无时无刻不在发生剧烈的活动,其中二十二亿分之一的能量辐射到地球,成为地球上光和热的主要来源。太阳每年输送给地球的能量相当于 100 亿亿度电的能量。太阳能取之不尽、用之不竭,又无污染,是最理想的清洁能源。有了太阳光,地球上的植物才能进行光合作用,为人和动物提供充足的食物和氧气。

2. 八大行星

按照距离太阳的远近,八大行星依次为水星、金星、地球、火星、木星、土星、天王星和海王星。八大行星通常分为两类:类地行星和类木行星。类地行星是指与地球相似的行星,包括水星、地球、火星和金星,它们距离太阳较近,体积和质量都较小,平均密度较大,表面温度较高,都由岩石构成。类木行星指类似木星的气体行星,包括木星、土星、天王星和海王星,它们共同的特点是主要由氢、氦、冰、甲烷和氨等构成。

（1）水星

水星是太阳系最内侧和最小的行星,绕太阳一圈约需88天,是太阳系中公转最快的行星。水星表面的平均温度约为 113 ℃,白天太阳光直射处温度高达 427 ℃,夜晚太阳光照不到时温度降低到 −173 ℃,温差如此大,绝不可能有生物存在。

水星

（2）金星

金星的质量与地球差不多,有时金星也称为地球的"姐妹星"。它是太阳系中唯一没有磁场的行星,周围有浓密的大气和云层,表面温度高达 465 ~ 485 ℃。人们常说的启明星和长庚星就是指金星。

金星

（3）地球

地球是太阳系中直径、质量和密度最大的类地行星。地球诞生于 45.4 亿年前,其表面的 71% 被水覆盖。地球自西向东旋转,以近 24 小时的周期自转并以365 天的周期围绕太阳公转。

地球

地球在太阳系中处于一个很好的位置,距离太阳不近也不远,光照和温度适宜,而且有水和空气,正是这些因素才使得生命(包括人类)在地球上出现和发展。

目前,地球是太阳系唯一被认为适合生物生存的地方,是人类所知的宇宙中唯一存在生命的天体。

火星

（4）火星

火星具有橘红色的外表,因为其表面被赤铁矿(氧化铁)覆盖。火星两极皆有水冰与干冰组成的极冠,这些极冠会随着季节消长。根据目前研究成果,火星上曾有大面积的海洋、湖泊,所以火星被认为是太阳系中地球以外最有可能存在生命的行星。火星的直径约为地球的一半,自转轴倾角、自转周期均与地球相近,公转周期约为地球的两倍。

（5）木星

木星在八大行星中体积和质量最大,其质量是其他七大行星质量总和的 2.5 倍。木星还是太阳系中自转最快的行星,自转一周只需 9 小时 50 分 30 秒。木星表面有一个大红斑,位于木星赤道以南。对于这个红斑是什么仍有争论,很多人认为是旋风。它经常卷起高达 8 千米的云塔,时常改变颜色和形状,但从未完全消失过。

木星

（6）土星

土星主要由氢组成,还有少量氦和微量元素,内部的核心包括岩石和冰,外围由数层金属氢和气体包覆。用天文望远镜观察土星,看到的是一个带光环的天体,土星环实际上是由许多大小不等的碎石块和冰块组成的。土星绕太阳公转一周约需 29.5 年,自转很快,仅次于木星,在赤道上自转周期为 10 小时 14 分。

土星

（7）天王星

天王星是近代发现的第一颗行星,质量大约是地球的 14.5 倍,是类木行星中质量最小的。天王星的自转轴几乎与公转平面平行,仿佛是躺着围绕自己的轴转动。天王星是继土星环之后,在太阳系内被发现的第二个环系统,共有 13 个尘埃环,但它们非常细,是名副其实的线状环。

天王星

（8）海王星

海王星

海王星是太阳系中距离太阳最远的行星,是太阳系最冷的行星之一,大气层顶端的温度只有 −218 ℃。海王星有太阳系最强烈的风,测量到的风速高达 2 100 千米 / 时。海王星的大气层以氢和氦为主,还有微量甲烷。

小知识

被开除出行星家族的冥王星

冥王星为什么被开除出行星家族了呢？1930 年美国天文学家汤博发现冥王星，并以为冥王星比地球还大，所以将其命名为大行星。然而，经过近 30 年的进一步观测，科学家发现冥王星的直径只有 2 300 千米，比月球还要小。冥王星的质量也远比其他行星小，甚至在卫星世界中它也只能排在第七、第八位。后来，人们在冥王星的轨道附近又发现了很多大小与冥王星接近甚至超过冥王星的天体。将这些天体都列为大行星显然是不合适的。长期以来，科学家们发起了给冥王星降级的活动，并在 2006 年 8 月 24 日在布拉格举行的国际会议上成功通过了把冥王星降为"矮行星"的决议。

3. 小行星带

　　小行星带是介于火星和木星轨道之间的小行星密集区域，拥有大量小行星，可能多达数百万颗。这些小行星是直径在 1 千米以上的小天体，它们是太阳系小天体中最主要的成员，被认为是在太阳系形成过程中受到木星引力扰动而未能聚合的残余物质。

陨 石

陨石是指地球以外未燃尽的宇宙流星脱离原有运行轨道并呈碎块状撞击到地球或其他行星表面后残存的天然物体。当它还在太空时,称为流星体;当它进入大气层时,由于高速穿过大气层,与大气摩擦产生高温,并放射出光线,于是形成火球,即所谓的流星。大多数陨石来自火星和木星间的小行星带,小部分来自月球和火星。陨石大体上可以分为石陨石、铁陨石和石铁陨石三大类。

（1）石陨石

石陨石由硅酸盐矿物(如橄榄石、辉石和少量斜长石)组成,也含有少量金属铁微粒。石陨石的鉴定特征是:表面有一层燃烧形成的黑色熔壳以及气流摩擦留下的气印,新鲜的陨石面上可看到球粒。1986年4月15日18时50分,湖北省随州市渐河镇落下一颗陨石。我国科学家在随州陨石冲击熔脉中发现一种未知矿物,经分析鉴定,是一种含有无水磷酸钙成分的新矿物,并以中国矿物岩石地球化学学会创建人和首任会长涂光炽院士的姓氏命名为"涂氏磷钙石"。

湖北随州石陨石

（2）铁陨石

铁陨石中含有90%的铁、8%的镍。铁陨石的鉴定特征为:有磁性,表面有熔壳和气印,在新鲜的断裂面上能看到细小的金属颗粒,切面上可看到维斯台登构造。1516年6月,广西南丹降落陨石雨。据《南丹县志》,明正德十一年五月,西北有星陨,长五六丈,蜿蜒如龙蛇,闪烁如电,须臾而灭。天亮后,人们发现,在广西南丹县里湖瑶族乡打狗河一带几十平方千米的山坡和地面上洒落了许多大小不一的泛银色的硬块,便断定是夜间从天上落下来的"天降银矿"。但当时人们没有足够重视,直到1958年在大炼钢铁中才被发现。被发现的铁陨石经过几百年的风化,熔壳已不见,代之为红褐色、黑褐色氧化层,个别处氧化层厚达 1 厘米;多为扁平状、舌状,并有驼峰状突起。南丹铁陨石内部呈灰白色,金属光泽,相对密度 7~7.6;含铁 91%,含镍 7%;主要组成矿物为铁纹石、镍纹石,其余为陨硫铁、陨氯铁、铁闪锌矿等。

维斯台登构造

广西南丹铁陨石

（3）石铁陨石

石铁陨石由铁镍合金和硅酸盐矿物组成。该类陨石含铁 70%以上,其次为硅、铝、镍,主要矿物有锥纹石、镍纹石、合纹石等,次要矿物有陨硫铁、铬铁矿、石墨等。石铁陨石的鉴定特征与铁陨石类似。

四、地月系

月球是地球唯一的卫星，它不停地围绕地球公转，在宇宙中形成一个很小的天体系统，即地月系。在地月系中，地球是中心天体。

1. 地月系的形成

有关月球起源的学说可以分为四大类：地球分裂说、地球俘获说、共同形成说和星体撞击说。

地球分裂说认为，在太阳系形成初期，地球和月球原是一个整体，那时地球还处于熔融状态，自转快。太阳对地球有强大的潮汐力作用，在地球的赤道面附近形成一串细长的膨胀体，这串膨胀体最终分裂形成月球。

地球俘获说认为，月球可能是地球轨道附近一颗绕太阳运行的小行星，后来被地球俘获而成为地球的卫星。支持俘获说的人认为，月球的平均密度只有

3.34克/立方厘米,与陨星、小行星的平均密度十分接近,因此很可能原本是一颗小行星,在围绕太阳运行的过程中接近地球并被地球的引力吸引而脱离原来的轨道后被地球俘获。

共同形成说的研究者则认为,地球和月球是由同一块原始行星尘埃云形成的。它们的平均密度和化学成分不同,是由于原始星云中的金属粒子在形成行星之前早已凝聚,在形成地球时,以铁为主要成分,并以铁作为核心;月球则是在地球形成后,由残余在地球周围的非金属物质凝聚而成的。

地球分裂说、地球俘获说和共同形成说虽能解释部分观测事实,却又有各自的明显缺陷,比如地球分裂说无法解释地球和月球组成成分的差异,地球俘获说无法解释月球现在的轨道形状。后来又有研究者提出了"星体撞击说"。这种假说认为,在地球形成之初,一颗直径约为地球一半的行星撞击了地球,然后该行星的大量碎片以及部分地球物质的碎片飞溅到太空中,逐渐聚集在一起形成了月球。目前,星体撞击说似乎可以解释大多数问题,成为最流行的关于月球形成的假说。2016年,中国科学院紫金山天文台的科学家与美国加州理工学院的科学家合作研究后提出:这次撞击发生在45亿年前地球形成后不久。

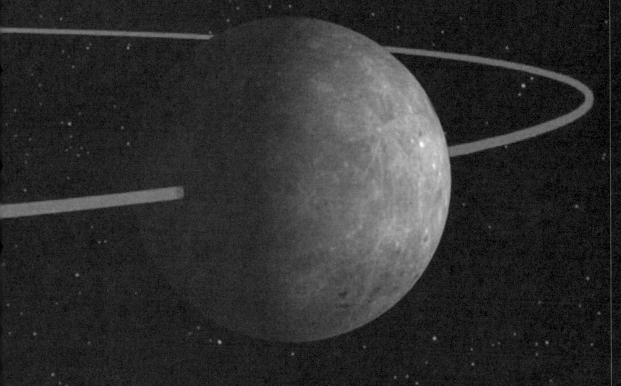

小知识

月球表面是什么样子的?

　　1959 年 9 月苏联的"月球 2 号"成功登陆月球,这是第一个登陆月球的探测器。1969 年,美国宇航员尼尔·阿姆斯特朗和巴兹·奥尔德林乘坐"阿波罗 11 号"宇宙飞船飞向月球,成为率先登上月球的人。随之,人类逐步揭开了月球神秘的面纱。

　　月球表面是凹凸不平的。从地球上看,月球表面明亮的区域是高地,阴暗的区域是低陷地带,分别称为月陆和月海。之所以称月海,是因为早期的天文学家无法清楚地观察到月球表面,猜测较暗的区域为海洋。

月球表面

2. 探寻月球资源

月球上的岩石主要有三种类型：一种是富含铁、钛的月海玄武岩；一种是斜长岩，富含钾、稀土和磷等，主要分布在月球高地；还有一种主要是由 0.1～1 毫米的岩屑颗粒组成的角砾岩。月球的岩石中含有地球上的全部元素和 60 种左右的矿物，其中 6 种矿物是地球所没有的。

科学家指出，要开发月球必须对月球进行全面探测，了解月球的资源，并逐步对资源进行开发。月球上的矿产资源极为丰富，地球上最常见的 17 种元素在月球上比比皆是。以铁为例，仅月球表层 5 厘米厚的沙土中就含有上亿吨铁，而整个月球表面平均有 10 米厚的沙土。月球表层的铁不仅异常丰富，而且便于开采和冶炼。据悉，月球上的铁主要是氧化铁，只要把氧和铁分开就行。此外，科学家已研究出利用月球的土壤和岩石制造水泥和玻璃的方法。在月球表层，铝的含量也十分丰富。月球上稀有金属的储藏量比地球上还多。

小知识

关于月亮的诗

自古以来我国的文人墨客对月亮有着特殊的情感，流传下来不少意蕴悠远的诗篇，如：

床前明月光，疑是地上霜。举头望明月，低头思故乡。

——李白《静夜思》

玉阶生白露，夜久侵罗袜。却下水晶帘，玲珑望秋月。

——李白《玉阶怨》

举杯邀明月，对影成三人。

——李白《月下独酌》

海上生明月，天涯共此时。

——张九龄《望月怀远》

第三章　地　球

　　地球形成后,在新生代时期,其形状、面貌、结构已与现在基本相似,形色多样的动植物也已空前繁盛。自然界的大发展最终导致人类的出现,地球逐渐形成今天的面貌。

一、地球的物理性质

1. 形状

　　人类对地球形状的认识经历了很长一段时间。早期认为天圆地方,以后逐渐认识到地球是个圆球。随着科技的发展,人们发现地球不是正圆球形,而是一个两极稍扁、赤道略鼓的不规则球体。

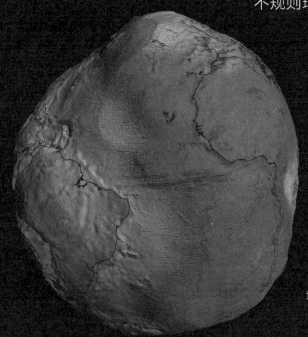

地球的形状(仅显示凹凸形状)

侧栏故事

麦哲伦的环球航行证实地球是个球体

1519～1522 年，麦哲伦的船队完成了人类第一次环球航行。当他们经过 3 个月 20 天的漫长时间横渡太平洋之后，麦哲伦就在干预菲律宾马克坦岛土著的内讧中被杀，其余部下最后在埃里·卡诺的率领下，乘坐仅剩的一只"维多利亚号"帆船，沿着葡萄牙人开辟的东航路，绕过好望角，于 1522 年 7 月 9 日到达非洲西部的佛得角海面。麦哲伦在海上细心地发现海平面不是直平面，而是曲平面，一艘轮船从远方驶近时，开始只能看到桅杆的顶梢，再近一点时，桅杆直至整个船体渐渐显露出来，由此证实地球是圆的。麦哲伦还发现由于地球在自转，各地的时间是不一样的。

2. 大小

地球的平均半径约为 6 371 千米，赤道半径约为 6 378 千米，两极半径约为 6 356 千米。地球表面的总面积达 510 067 860 平方千米。其大小在太阳系八大行星中排列第五。

3. 质量和密度

地球的质量为 5.974×10^{24} 千克。地球内部各个圈层的密度不同，根据体积和引力常数计算出的地球平均密度为 5 515.3 千克 / 立方米。

4. 重力

地球的重力一般是指地球对地表和地内物质的引力。因地表重力受地球自转产生的离心力和各点与地心距离的影响，故各地并不相等，且随海拔和纬度的不同而发生变化。

万有引力的发现

人们都知道牛顿从苹果落地的现象得到启发,发现了万有引力定律,其实那不过是法国启蒙思想家伏尔泰为宣传自然科学而编的故事。在牛顿之前,人们已经知道有两种力:地面上的物体都受重力的作用,天上的月球和地球之间以及行星和太阳之间都存在引力。那时,乡下的孩子们常常用投石器打几个转转,再把石头抛向远方,这样石头就被抛得很远;他们还可以用力把一桶牛奶从头上转过而不让牛奶洒出来。

这一现象激发了牛顿关于引力的想象:"什么力能使投石器里面的石头、水桶里的牛奶不掉下来呢?"这个问题使他想到开普勒和伽利略的思想。牛顿从浩瀚的宇宙太空、周行不息的行星、广寒的月球想到庞大的地球,进而想到这些庞然大物之间力的相互作用。他抓住这些神奇的思想不放,一头扎进引力的计算和验证中,计划用这个原理验证太阳系各行星的运行规律。牛顿用了 7 年时间终于把举世闻名的万有引力定律全部证明出来,由此奠定了理论天文学、天体力学的基础。

万有引力定律的发现,宣告了天上和地面的万物都遵循同一规律运动,彻底否定了自亚里士多德以来宗教势力宣扬的天上与地下不同的思想,这是人类认识史上的一次飞跃。

5. 温度

地球表面的平均温度约为 15 ℃,赤道热,两极冷。地球有两个冷极:北半球冷极在西伯利亚东部的奥伊米亚康,最低温度是 −71 ℃;南半球冷极在南极大陆,最低气温为 −88.3 ℃。

随着深度增加,地球内部的温度逐渐升高,地核的温度高达 6 000 ℃。

6. 磁性

地球带负电荷,是一个均匀磁化的球体,磁力线的分布特征与棒形磁铁的磁场相似,形成一个偶极子磁场。

小知识

指南针

　　磁铁除了会吸铁外,还具有指极的特性,也就是说它会固定地指向地球的南北极,指南针就是运用这个原理制成的。指南针受到地球磁场力的作用时,会一端指南一端指北。其实指南针指示的方向并不是正南方,因为地磁两极与地理两极有一定的偏差。最早的指南针就是称为中国古代四大发明之一的司南。

地质罗盘

　　古代民间就有制作简易指南针的方法:将薄铁叶剪裁成鱼形,鱼的腹部略下凹,像一只小船,磁化后浮在水面,就能指南北。当时以此作为一种游戏。东晋的崔豹在《古今注》中曾提到这种指南鱼。现在指南针广泛应用于航海、大地测量、矿山开采、旅行和军事等方面。

矿山罗盘

小知识

百慕大三角

　　百慕大三角,又称魔鬼三角,位于北大西洋的马尾藻海,是由英属百慕大群岛、美属波多黎各及美国佛罗里达州南端所形成的三角形海域,面积约为390万平方千米。在百慕大三角出现的各种奇异事件中,罗盘失灵是最常发生的,这使人常把它和地磁异常联系在一起。地球的磁场有两个磁极,即地磁南极和地磁北极,而且它们的位置是不断变化的。地磁异常容易造成罗盘失灵而使飞机、轮船迷航。还有一种看法认为,百慕大三角海域的海底有巨大的磁场,它能造成罗盘和仪表失灵。

二、地表形态、地质奇观

地表各种高低起伏的形态,总称为地形,通常分为高原、山地、丘陵、平原和盆地五种基本类型。

高原是指海拔高度一般在 1 000 米以上,面积广大,地形开阔,周边以明显的陡坡为界,比较完整的大面积隆起地区。

山地是指海拔 500 米以上,相对高差 200 米以上的隆起地形。

丘陵一般是指海拔在 200 米以上、500 米以下,相对高差一般不超过 200 米,高低起伏,坡度较缓,由连绵不断的低矮山丘组成的地形。

平原是陆地上海拔高度相对比较小的地区,一般海拔在 200 米以下,是陆地上最平坦的地域。

盆地是四周高、中部低的盆状地形。

小知识

珠穆朗玛峰

珠穆朗玛峰位于中国和尼泊尔两国边界上,北坡在我国西藏境内,南坡在尼泊尔境内。珠穆朗玛峰海拔 8 844.43 米,是喜马拉雅山脉的主峰,也是世界上最高的山峰。

三、地球的圈层结构

地球的圈层结构分为地球外部圈层和地球内部圈层两大部分。地球外部圈层可进一步划分为三个基本圈层,即大气圈、水圈和生物圈;地球内部圈层也可进一步划分为三个基本圈层,即地壳、地幔和地核。地壳和上地幔顶部(软流层以上)由坚硬的岩石组成,合称岩石圈。

1. 地球外部圈层

（1）大气圈

地球被一层很厚的气体圈层包围着,这层气体圈层由氮、氧、氩、二氧化碳和不到 0.04% 的微量气体组成。人们根据大气的分布特征,把大气圈从低往高依次分为对流层、平流层、中间层、热层和散逸层。

对流层:紧靠地球表面,其厚度为 10～20 千米,气温随高度增加而递减,下部热,上部冷,大气平均每上升 1 000 米,气温约下降 6.5 ℃。对流层中的大气运动形成了多种多样复杂的天气变化,风、云、雷电以及雨、雪、雾、露、雹多发生在这一层,因而也有人称其为气象层。

平流层:在对流层之上,距地球表面 20 ~ 50 千米,温度随高度增加而升高,上部热,下部冷,有利于高空飞行。

中间层:距地球表面 50 ~ 85 千米,气温随高度增加而降低。

热层:又称电离层,距地球表面 100 ~ 800 千米,温度随高度增加而急剧升高,能反射波长较短的无线电波。

散逸层:在热层之上,由带电粒子组成,离地面 800 千米以上,空气十分稀薄。

在平流层下部存在一个比较特殊的层次——臭氧层,即在高度为 10 ~ 60 千米范围内,有厚约 20 千米的臭氧层。臭氧对太阳光中的紫外线有强烈的吸收作用,能保护地球上的生命免受紫外线伤害。但由于人类活动大量使用氯氟烷烃类化学物质,使臭氧大大减少,从而造成臭氧层空洞,已经对人类的生产和生活造成严重危害。比如居住在智利南端的居民,已深受臭氧层空洞的危害,如果他们出门不涂防晒油、不戴太阳镜,半个小时之后,裸露的皮肤就会全部被晒成粉红色。那里的羊群、兔子以及河里的鱼,根本无须捕捞,可以直接拎走,因为它们全部患有白内障,几乎全盲。推而广之,若臭氧层遭到破坏,太阳光中的紫外线就会杀死所有陆地生物,我们赖以生存的地球将会成为一片不毛之地。

科学家经过多年来的研究发现,大气中的臭氧每减少 1%,照射到地面的紫外线就增加 2%,人体患皮肤癌的概率就增加 3%。让我们一起行动起来,保护地球的遮阳伞——臭氧层吧!

小知识

PM2.5

在过去的 30 年中,我国肺癌死亡率上升了 465%,虽然吸烟和老龄化仍然是主要诱因,但细颗粒物的致癌风险越来越受到重视。2012 年,PM2.5 被列入检测范围。那么,什么是 PM2.5?

PM2.5 是指大气中直径小于或等于 2.5 微米的颗粒物,也称为可入肺颗粒物。虽然 PM2.5 只是地球大气成分中含量很少的组分,但它能对空气质量和能见度等产生很大影响。与较粗的大气颗粒物相比,PM2.5 粒径小(直径不到人的头发丝粗细的 1/20),富含大量有毒、有害物质,且在大气中停留时间长、输送距离远,对人体健康和大气环境质量的影响更大。

PM2.5 除了直接危害人类及动植物健康外,还通过对阳光的吸收和散射效应降低能见度,造成灰霾现象,影响农作物及其他植物的生长。

(2)水圈

水圈是生命的摇篮,被比喻为"生命的培养汤"。自然界的水在地理环境中通过各个环节循环运动:水蒸发形成云,云再以雨、雪、冰雹等形式降下来,汇入江河、湖泊甚至渗入地下形成地下水,地下水和河湖水最终流入大海,形成水的循环。而今由于水资源分布不均衡和受到污染,一些国家正面临水资源严重短缺的现象,水资源的争夺可能引发战争。

我国华北地区由于缺水,严重超采地下水,使地下水水位下降,造成地面塌陷,严重威胁居民的生产和生活,因此珍惜和节约水资源应从我做起。

水圈是地球特存的环境优势。地球水 97.2% 集中在海洋，2.2% 冻结在两极地区和高山上，只有 0.6% 才是陆地上的江河湖泊和地下水。在太阳辐射下，大量的水以蒸汽形式进入对流层形成云朵，在一定的条件下以雨、雪、冰雹等形式降回到地面。渗入地下或形成地表江河，构成自然界水的循环。水是生命之源，也是改造地表形态的主要动力。

水循环模型

（3）生物圈

生物圈是地球表层由生物及其生命活动的地带所构成的连续圈层，是地球上所有生物及其生存环境的总称。据估计，在地质史上曾生存过的生物有 5 亿 ~ 10 亿种，然而，在漫长的地球演化过程中绝大部分生物已经灭绝了。现存的植物约有 40 万种，动物约有 110 万种，微生物至少有 10 万种。生物生存的空间，在陆地上可到 1 000 米以下，海洋中深达 10 千米左右，空中高达 7 千米。生物圈中 90% 以上的生物活动在地表到 200 米高空以及从水面到水下 200 米的水域空间内，这部分空间构成了生物圈的主体。

2. 地球内部圈层

怎样才能知道地球的内部结构呢？有人可能会想：打个洞就能看到地球里面是什么了。但是，目前世界上最大的钻探深度仅仅是 12 千米，相比地球的赤道半径 6 378 千米，连地球的表皮都没法穿透。后来，科学家们找到了打开地心之门的钥匙——地震波。

科学家们发现，当地震波向地球中心传播时，在地表下 33 千米左右的深处发生了巨大的变化，在地下 2 900 千米左右的深处也发生了巨大的变化。这表明地下有两个明显的界面，界面上下物质的物理性质有很大差异。一个界面在平均深度为 17 千米（在大陆之下平均为 33 千米，在大洋之下平均为 7 千米）处，是地壳和地幔的分界面，由奥地利科学家莫霍洛维奇于 1909 年发现,故称为莫霍洛维奇不连续面,简称莫霍面(或莫氏面)。另一个界面位于地下 2 900 千米处,是地幔和地核的分界面,由德国科学家古登堡于 1914 年发现,故称为古登堡面。科学家们认为,地球内部大致可被莫霍面和古登堡面分成三个同心圈层,从外到里依次是地壳、地幔和地核。如果把地球的内部结构作个形象的比喻,它就像一个鸡蛋,地核相当于蛋黄,地幔相当于蛋白,地壳相当于蛋壳。

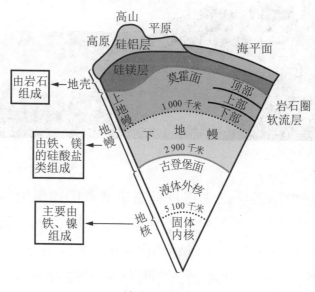

地球内部圈层

（1）地壳

地壳是地球表面以下、莫霍面以上的固体外壳,地壳的厚度不均匀,平均厚度约为 17 千米,以硅、铝成分为主,分上下两层:上层主要由硅－铝氧化物构成,称为硅铝层;下层主要由硅－镁氧化物构成,称为硅镁层。

（2）地幔

地幔介于莫霍面和古登堡面之间,厚度将近 2 900 千米,是地球内部体积最大、质量最大的一层。根据地震波的特性,以地下 1 000 千米为界,又将地幔分成上地幔和下地幔两层。一般认为上地幔上部存在一个软流层,这里温度很高,有 1 000～2 000 ℃或 1 000～3 000 ℃,这样高的温度足以使岩石熔化,所以软流层很可能是岩浆的发源地。下地幔的温度、压力和密度均增大,物质呈可塑性固态。

（3）地核

地核是地球真正的中心，又称铁镍核心，其物质组成以铁、镍为主。它可再分为内核和外核。内核的顶界面距地表约 5 100 千米，约占地核直径的 1/3，可能是固态的。外核的顶界面距地表 2 900 千米，可能是液态的。地核中心的压力可达到 350 万个标准大气压，温度约有 6 000 ℃，其炙热程度与太阳表面的温度相当。

四、地球内动力地质作用

巍峨的高山、连绵的山脉、断陷的裂谷……大自然壮丽的景观让我们惊叹：是什么造就了地球上沧海桑田的变化和千姿百态的地表形态呢？

其实，地球内部并不平静，那里蕴藏着巨大的能量，每时每刻都在不停地运动。地球内部的运动会引起地壳运动，从而形成山脉、高原、裂谷和海沟等地形地貌。当地球内部的能量迅猛爆发时，还会引起火山喷发、地震、海啸等自然灾害。

1. 地质构造

地质构造是构造运动在岩层和岩体中遗留下来的各种构造形迹，如岩层褶皱、断层等。

（1）褶皱

褶皱是地壳中最广泛的构造运动形式之一，它几乎控制了地球上大中型地貌的基本形态，世界上许多高大的山脉都是褶皱山脉。岩层在形成时，一般是水平的，但在构造运动作用下因受力会发生弯曲，一个弯曲称褶曲；如果发生的是一系列波状弯曲变形，就叫褶皱。褶皱虽然改变了岩石的原始形态，但并未使岩石丧失其连续性和完整性。

（2）断层

断层是岩层或岩体在受力发生断裂变形时，断裂两侧岩块沿破裂面发生显著位移的构造。在地貌上，大的断层常常形成裂谷和陡崖，如著名的东非大裂谷、我国华山北坡大断崖。断层上升一侧的岩块常形成块状山地或高地，如我国的华山、庐山、泰山；另一侧相对下沉的岩块则常形成谷地或低地，如我国的渭河平原、汾河谷地。断层构造带由于岩石破碎，易受风化侵蚀，常发育成沟谷、河流。因此，地质学上通常讲的"逢沟必断",就是说,凡是有沟谷的地方一定有断层通过。

2. 构造运动

断层与褶皱模型

微型褶皱

构造运动是由地球内部能量引起的组成地球物质的机械运动。构造运动有水平运动和垂直运动两种基本形式。地壳或岩石圈物质大致沿地球表面切线方向进行的运动,叫水平运动,它可造成岩层的褶皱与断裂,在岩石圈的一些脆弱地带形成巨大的山脉,因而也被称为造山运动。地壳或岩石圈物质沿地球半径方向的上下运动,叫垂直运动,它可造成地表地势高差改变,或引起海陆变迁,因此也被称为造陆运动。

关于构造运动的起因、大地构造特征及其演变规律,地质学家经过长期的争论和探索,主要形成以下三大学说。

(1)大陆漂移学说

该学说认为,在中生代以前,地球上只有一个统一的巨大陆块,称为泛大陆或联合古陆,泛大陆被称为泛大洋的水域包围。较轻的硅铝质的大陆块漂浮在较重的黏性硅镁层之上,大约在2亿年前的中生代初期,由于潮汐力和离极力的作用,泛大陆破裂并与硅镁层分离,向西、向赤道做大规模水平漂移,逐渐形成了现代的海陆分布。

侧栏故事

大陆漂移学说的形成

1910 年的一天，德国地球物理学家、气象学家阿尔弗雷德·魏格纳躺在医院的病床上，目光正好落在墙上的一幅世界地图上，他惊讶地发现远隔万里的非洲西海岸和南美洲东海岸竟然如此吻合，就像是一块大陆裂成了两半一样。魏格纳的脑子里掠过一个惊人的念头：难道非洲大陆与美洲大陆曾经是连在一起的？次年，魏格纳在翻阅文献时发现巴西和非洲有着同样的古生物化石，这更加证明两块大陆曾经是连在一起的。新证据的发现燃起了魏格纳探究这一问题的热情。在 1912 年德国召开的地质协会上，他发表了《大陆的生成》一文，正式提出大陆漂移学说。接下来的三年，魏格纳继续对岩石、地层、化石记录潜心研究，最终于 1915 年出版《海陆的起源》一书，对大陆漂移学说作了论证。

（2）海底扩张学说

20 世纪 50 年代，随着海洋地质学的发展，人们发现大洋地壳的年龄一般不超过 2 亿年，远远年轻于大陆年龄。人们还发现在辽阔的海面之下矗立着全球最大规模的海底山脉——海岭。有趣的是：离海岭越近，岩石的年龄越小；离海岭越远，岩石的年龄越大，并且在海岭两侧呈对称分布。显然，海岭是新的大洋地壳诞生的地方。这一发现引起了美国地质学家哈里·哈蒙德·赫斯和罗伯特·辛克莱·迪茨的关注。1960 ~ 1962 年，他们分别提出了海底扩张学说：在各大洋的中央有一带状分布的海岭，地幔物质从海岭顶部的巨大开裂处涌出，冷却后形成大洋地壳。海岭顶部不断有新的岩浆涌出，这些岩浆又把原先形成的大洋地壳以每年几厘米的速度推向两边，使海面积扩大，使海底不断更新和扩张。当扩张着的大洋地壳遇到大陆地壳时，便俯冲到大陆地壳之下的地幔中，逐渐熔化而消亡。

海底扩张学说为大陆漂移提供了动力支持，古地磁学、遥感技术以及电子计算机技术的大量观测和计算数据也证实大陆确实很可能发生过漂移，使大陆漂移学说起死回生。

（3）板块构造学说

1968年，英国学者麦肯齐和法国学者勒皮雄等人在大陆漂移学说和海底扩张学说的基础上提出了板块构造学说：地球表层的岩石圈并不是整体一块，而是分割成六大板块，即太平洋板块、亚欧板块、美洲板块、印度洋板块、非洲板块和南极洲板块。这些板块位于地壳软流层之上，处于不断移动之中。板块的边界处是构造运动最活跃的地方，地球表面的基本地貌是由板块相对移动形成的：若两个板块相撞，往往形成海沟和巨大的山脉，如太平洋板块与亚欧板块相撞形成的太平洋西部深海沟和岛弧链，以及印度洋板块与亚欧板块碰撞形成的喜马拉雅山；若两个板块背离运动，常形成裂谷和海洋，如东非大裂谷；若两个板块相互剪切滑动，通常没有板块的生长和消亡，如美国西部的圣安德烈斯断层。

板块构造学说是人类迄今为止在大地构造学方面最为盛行的理论，能较好地解释全球性的大地构造问题和矿产分布规律以及地震和火山活动规律。

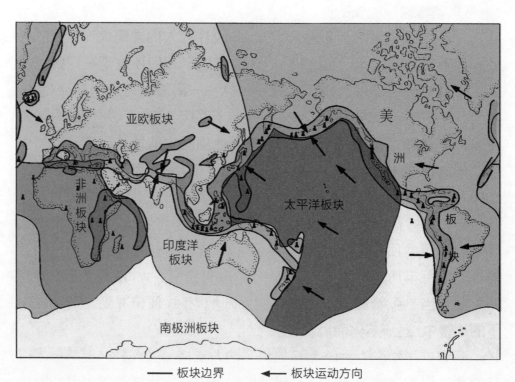

—— 板块边界　　◀— 板块运动方向

六大板块示意图

小知识

东非大裂谷

大约 3 000 万年前，在非洲板块和印度洋板块交界处，地壳下面的地幔物质上升分流，产生巨大的张力，在这种张力的作用下，地壳发生大断裂，形成了世界上最大的裂谷带——东非大裂谷。这条纵贯非洲大陆东部的大裂谷跨越赤道南北，南起赞比西河河口，北抵红海，总长约 6 400 千米，平均宽 48～65 千米。从卫星照片上看，东非大裂谷犹如地球脸上一条硕大的"刀疤"。

3. 火山

火山是一个由固体碎屑、熔岩流或穹状喷出物围绕其喷出口堆积而成的隆起的丘或山。火山一般由火山锥、火山口和火山通道等组成。火山通道是岩浆由地下上升的通道。火山口是位于锥顶喷出口上方的盆状凹陷，是火山物质向外喷发的主要出口。火山喷出物在火山口周围堆积下来，一般呈圆锥形，称为火山锥。

（1）火山喷发

火山喷发是一种地质现象。在地壳深部或上地幔的局部地段，存在着一种炽热的黏度较大且富含挥发成分的硅酸盐熔融物质，像流淌的高温熔岩流，这就是岩浆。在极大的压力下，岩浆便会从地壳的薄弱地带喷涌而出，形成火山爆发。

震撼人心的火山奇观自古以来就给人们留下了深刻的印象，吴振臣在《宁古塔纪略》中就记载了我国五大连池火山喷发时的壮观景象："离城东北五十里有水荡，周围三十里，于康熙五十九年六七月间，忽烟火冲天，其声如雷，昼夜不绝，声闻五六十里，其飞出者黑石硫黄之类，经年不断，竟成一山，兼有城郭，热气逼人三十余里，只可登远山而望。"

小知识

火山弹及其他火山喷出物

火山弹是在火山喷发时，岩浆被抛到空中，在快速旋转飞行过程中迅速冷却、凝固而形成的块体。火山弹的形态多种多样，有纺锤形、椭球形、梨形、麻花形、流弹形和不规则形，这是由于一团团炽热的熔岩在空中不断旋转、扭曲形成的。有些火山弹在落地时尚未完全凝固，还可能被摔成扁平状。这些火山弹常常和其他火山碎屑混在一起堆积在离火山口较近的地方。

火山弹

在火山喷发时，还会看到炙热的烟柱和气团从火山口冒出，这就是气体喷出物。气体喷出物以水蒸气为主，此外还有 CO_2、SO_2、N_2、H_2S 等。根据气体的喷出状况可以推断火山的活动进程。火山喷发的早期阶段，HCl 等气体较多，晚期则富含 SO_2、CO_2 等成分。

此外，还可以看到炽热、黏稠的熔融物质自火山口溢流出来，这就是熔岩流。熔岩流的温度高达 $900 \sim 1\,200\ ℃$。熔岩流往往势不可当，所到之处所有树木、村落顿时被吞没在火海之中。

（2）火山的类型

根据火山的活动特征，可以把火山分为活火山、死火山和休眠火山三类。活火山是指正在喷发或周期性喷发的火山。死火山是指史前有过喷发活动，但在人类历史时期从来没有再喷发过的火山。有些火山在历史上有过喷发活动的记载，但长期以来处于相对静止状态，这种火山称作休眠火山。休眠火山可能会突然"醒来"，成为活火山。

小知识

火山的威力有多大?

喀拉喀托火山位于印度尼西亚,是一座活火山,在历史上曾经不断地喷发。1883 年 8 月 27 日是喀拉喀托火山大爆发最猛烈的一次,威力相当于 1 万颗广岛原子弹,强烈的爆炸声甚至传到 3 500 千米外的澳大利亚与 4 800 千米外的罗德里格斯岛。爆炸的振动波环绕地球 7 圈,使世界各地的地震仪都有感应。火山爆发引起强烈的地震和海啸,海浪高达 30 ~ 40 米,160 座村庄被水冲走,3.6 万多人因此丧生。这次火山爆发是人类历史上最大的火山喷发之一。

（3）火山的危害

火山喷发的灾害通常包括由火山喷发本身所造成的直接灾害以及由火山喷发引起的地震、酸雨、泥石流等造成的间接灾害。

炽热的岩浆会吞噬、摧毁大片土地,把大批生命、财产烧为灰烬。遮天蔽日的火山灰、掺杂有毒气体的火山气体喷出物和热浪扑面而来,造成动植物大量死亡。火山爆发喷出的大量火山灰和暴雨结合形成的泥石流会冲毁道路、桥梁,淹没附近的乡村和城市,使无数人无家可归。猛烈的火山爆发会造成大量炽热的火山灰随气流快速上升,进入平流层,并在那里停留数年,这些火山灰颗粒会形成一层厚厚的阻隔层,长时间阻挡太阳光到达地球,造成全球气温下降。

（4）全球火山分布情况

火山在世界各地均有分布,平均每年约有 50 次火山喷发,这些喷发有的发生在陆地,有的发生在海洋,其中有 10 次左右会造成明显的灾害。

全球火山活动地带可分为三大区:① 西太平洋火山活动区,主要与太平洋板块向北向西与亚洲大陆的俯冲有关。② 东太平洋火山活动区,主要与太平洋东面的小板块(胡安德富卡板块、科科斯板块、纳斯卡板块)向美洲板块的俯冲有关。③ 大西洋火山活动区,与大西洋和非洲的裂开以及地中海构造带的活动有关。

去哪儿看火山？

☆中国五大连池火山群

五大连池火山群被誉为"中国火山博物馆"，有 14 个独立的火山锥和一系列盾状火山。最近一次火山喷发发生在 1719~1721 年，喷发溢流的熔岩在四个地方分别阻塞了区内的石龙江，形成五个火山堰塞湖，即所谓的"五大连池"。

☆中国长白山火山群

长白山火山群位于吉林省的东部边境，包括长白山天池（火山口形成的湖）、望天鹅火山、图们江火山和龙岗火山等，大规模的火山活动始于晚上新世，贯穿于整个第四纪。

☆日本富士山

富士山是世界上最大的活火山之一，山体高耸入云，山巅白雪皑皑。自有记载以来，共喷发过 18 次，最后一次是在 1707 年。由于火山口处的喷发活动，富士山在山麓处形成了无数山洞，有的山洞至今仍有喷气现象。

☆美国黄石火山

黄石超级火山位于美国中西部怀俄明州西北角的黄石国家公园。黄石国家公园地下 400 英里处便是岩浆"热点"，它在喷发前将上升至地下 30 英里处，然后喷发出热泉和气体，覆盖面积达方圆 300 英里。黄石超级火山作为目前唯一位于大陆上的活火山，其威力无法估量。据科学家预测，黄石火山一旦喷发，美国 2/3 的国土可能会被火山灰埋没。

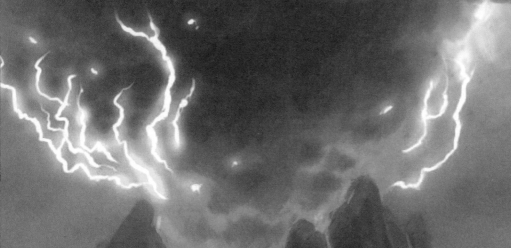

（5）火山喷发前的征兆

火山往往在喷发前几个月就有征兆了，常见的征兆如下：地震活动增加；火山或地面发出隆隆巨响；附近的河流散发出硫黄气味，河水变暖；山顶笼罩一团水汽，下酸雨；熔岩细灰在空中飞舞，灼热的火山灰和气体间歇性地从火山口喷出。和地震前的情况相似，有些动物会出现烦躁不安、逃跑狂叫、失控、攻击人、集体迁移、死亡等异常现象。

（6）火山资源

火山喷发会给人类造成灾难,但火山也可以造福人类,如为我们提供沃土、矿产、能源和其他资源等。

天然的化肥厂:火山喷发出来的火山灰内含有钾、钙等多种无机元素,这些元素正是植物生长所需要的养分,所以火山灰是极好的肥料。

地热资源:活火山蕴藏着巨大的地热能,火山热能发电比水力发电更环保,且受气候变化影响较小。目前,世界上已建成几十座火山热能发电站。

岩石矿产资源:玄武岩是分布最广的一种火山岩,同时又是良好的建筑材料。熔炼后的玄武岩称为"铸石",可以制成各种板材、器具等。火山活动还可以形成多种矿产,如硫黄矿等。

温泉的形成也与火山喷发和晚期岩浆活动有关。地下炙热的岩浆不断释放出大量的热能,使地下水升温并沿地壳上的大裂缝溢出,形成温泉。温泉中含有丰富的矿物质,不仅对多种疾病有治疗作用,而且有保健、美容、护肤、疗养等功效。

小知识

华清池温泉

华清池温泉位于陕西省西安市临潼区,享有"天下第一温泉"的美誉。这里的温泉大约发现于 3 000 年前的西周时代,先后有周幽王、秦始皇、汉武帝、隋文帝、唐太宗、唐玄宗等 19 位帝王在温泉上修建行宫别苑。唐玄宗在位期间建立富丽堂皇的"华清宫",因"华清宫"建在温泉上,故名"华清池"。有中国古代四大美女之一称号的杨贵妃曾与唐玄宗在此沐浴。白居易的《长恨歌》中"春寒赐浴华清池,温泉水滑洗凝脂"给后人留下了对贵妃出浴的美丽遐想。

4. 地震

（1）地震的类型

地震是一种常见的自然现象，全球每年发生 500 万次地震，但绝大多数是人们感觉不到的小地震，约占地震总数的 99%，其余 1%，约 5 万次，才会被人们感觉出来。一般情况下，5 级以上的地震就能够造成破坏，习惯上称为破坏性地震，平均每年约发生 1 000 次；7 级以上的强震，平均每年发生 18 次；8 级以上的大震，每年发生 1 或 2 次。

地震分为天然地震和人工地震两大类。天然地震是指由地球内部缓慢积累的应力突然释放引起的地球表层的震动。人工地震是指由于人为活动引起的地震，如工业爆破、地下核爆炸造成的震动，又如在深井中进行高压注水以及大水库蓄水后增加了地壳的压力而诱发的地震。

天然地震有三种类型：① 构造地震，即地壳运动产生巨大的力，使地壳发生褶皱、断层引起的地震。这类地震发生的次数最多，约占全球地震总数的 90% 以上，破坏力也最大。② 火山地震，即岩浆活动造成的火山喷发等引起的地震。它的影响范围一般较小，发生次数也较少，约占全球地震总数的 7%。③ 陷落地震，即由于地层陷落引起的地震。例如，当地下岩洞或矿山采空区支撑不住顶部的压力时，就会塌陷，引起地震。这类地震更少，大约不到全球地震总数的 3%，引起的破坏最小。

（2）地震解剖

震源：地球内部直接发生破裂的地方。

震中：震源在地球表面上的垂直投影，它是地面接收震动最早的部位。

震中距：震中到观测点的距离。

地震剖面示意图

震源深度：震源到震中的垂直距离。震源深度是影响地震灾害大小的因素之一，根据震源深度可以把地震分为浅源地震、中源地震和深源地震。

等震线：在同一次地震的影响下，破坏程度相同的各点的连线。

（3）地震强度

地震有强有弱，用来衡量地震强度大小的指标有两个，一个叫地震震级，另一个叫地震烈度。

地震震级以地震仪测定的每次地震时释放的能量多少为依据，是衡量地震大小的一种度量。目前，我国使用的地震震级标准是国际通用的"里氏震级"，共分为 9 个等级，相邻等级间能量相差 32 倍多。地震烈度是指地震在地面造成的破坏程度，共分为 12 度，烈度大小主要受震级、距震源的远近、地面状况和地层构造等因素的影响，见下表。

地震烈度表（简表）

地震烈度	破坏程度
Ⅰ度	无感，仅仪器能记录到
Ⅱ度	个别敏感的人在完全静止中有感
Ⅲ度	室内少数人在静止中有感，悬挂物轻微摆动
Ⅳ度	室内大多数人、室外少数人有感，悬挂物摆动，不稳器皿作响
Ⅴ度	室外大多数人有感，家畜不宁，门窗作响，墙壁表面出现裂纹
Ⅵ度	人站立不稳，家畜外逃，器皿翻落，简陋棚舍损坏，陡坎滑坡
Ⅶ度	房屋轻微损坏，牌坊、烟囱损坏，地表出现裂缝及喷沙冒水
Ⅷ度	房屋多有损坏，少数被破坏的路基塌方，地下管道破裂
Ⅸ度	房屋大多数损坏，少数倾倒，牌坊、烟囱等崩塌，铁轨弯曲
Ⅹ度	房屋倾倒，道路毁坏，山石大量崩塌，水面大浪扑岸
Ⅺ度	房屋大量倒塌，路基、堤岸大段崩毁，地表产生很大变化
Ⅻ度	一切建筑物普遍毁坏，地形剧烈变化，动植物遭毁灭

震级是表示地震大小的度量，只跟地震释放的能量多少有关，所以一次地震只有一个震级；而烈度表示地面受到的影响和破坏程度，破坏程度各地不同。

（4）地震预测与预报

地震会给国家和人民的生命财产带来巨大损失，因此人们希望能找到一种方法准确地预报出地震发生的时间、地点、震级，以减轻地震带来的灾害。但到目前为止，全球地震预报仍然处于探索阶段。一些国家已开展地震－卫星技术的研究，试图通过对地震带上电离层、电磁波等的监测来预测地震。

另外，许多动物的感觉器官特别灵敏，它们能感知到人类感知不到的异常，因此人类也可以利用动物震前的异常行为来预测地震。四川成都市动物园和北京野生动物园都建有野生动物地震宏观观测站，工作人员对动物的日常习性进行观察和记录，如发现异常情况，第一时间内搜集、分析、上报处理。

小知识

候风地动仪

东汉时期，地震时有发生，给人们的生命财产造成很大损失。为了掌握地震动态，科学家张衡历经数年潜心研究，终于在 132 年发明了候风地动仪。这是世界上第一个地动仪。

张衡地动仪模型

该地动仪由青铜制造，形状像一个酒樽，四周铸有八条龙，龙头伸向八个方向。每条龙的嘴里含有一颗小铜球，每个龙头下蹲一只张着大嘴的蛤蟆。地动仪内部有一个细长竖直的杆直立在正中间，地震时，这根直杆会倒向地震的方位，击落对应方位的龙首，龙口张开吐出铜丸，铜丸落入下面的铜蛤蟆口中。也就是说，哪个方向发生了地震，朝着那个方向的龙就会吐出铜球，告诉人们那边发生了地震。

遗憾的是，张衡制作的地动仪早已失传。现存的地动仪是由各国考古学家根据古书记载与现代科学知识所复原的模型，其中由我国考古学家王振铎先生在 1951 年复原的模型流传最广。

（5）我国的地震分布带

地震在地球上呈现一种有规律的带状分布，称为地震带。我国位于世界两大地震带——环太平洋地震带与欧亚地震带之间，受太平洋板块、印度洋板块的挤压，地震断裂带十分发育，地震多发。我国的地震带主要有东南方向的台湾和福建沿海一带,华北地区的太行山沿线和京津唐渤地区,西南地区的青藏高原、云南和四川西部,西北方向的新疆和陕甘宁部分地区。

小知识

唐山大地震

唐山大地震发生在 1976 年 7 月 28 日凌晨 3 点 42 分,震级达 7.8 级,死亡近 24.3 万人,重伤 16.4 万人,为 20 世纪人员伤亡最大的地震。

唐山位于亚欧板块与太平洋板块的交界线上,属环太平洋地震带,易发生地震。由于太平洋板块向亚欧板块下面俯冲,地球内部积累了巨大的能量,最终超过了岩层所能承受的限度,引发了唐山大地震。

小知识

汶川大地震

2008 年 5 月 12 日 14 时 28 分,四川省阿坝藏族羌族自治州汶川县发生了中华人民共和国成立以来破坏性最大的一次地震,震级达到 8 级,释放的能量相当于 5 600 颗广岛原子弹爆炸产生的能量,震中烈度高达 11 度。由于汶川地震的震源深度仅为 10 千米,地震释放的巨大能量广泛向外传播,波及范围超过 10 万平方千米,造成近 7 万人遇难。

汶川地震的成因:汶川地处我国一个大地震带——南北地震带上,该地震带从宁夏经甘肃东部、四川西部直至云南,是一条纵贯中国大陆、大致呈南北方向的地震密集带。由于印度洋板块向亚欧板块俯冲,青藏高原隆升并向东挤压,但突然受阻,造成构造应力的能量长期积累,最终在龙门山北川－映秀地区突然释放。

五、外动力地质作用

外动力地质作用是通过风化、侵蚀作用，不断地对地表进行破坏，并把破坏了的物质从高处搬运到低处堆积起来，其总体趋势是使地表的起伏状况趋于平缓。

1. 外动力地质作用的过程

外动力地质作用在过程上依次表现为风化作用、剥蚀作用、搬运作用和沉积作用。

（1）风化作用

风化作用是指在地表或近地表的环境中，由于温度变化、大气、水和水溶液及生物等因素的影响，岩石在原地遭受破坏的过程。

花岗岩的球状风化（福建平潭）

风化作用包括物理风化作用、化学风化作用和生物风化作用。

物理风化作用是指地表岩石由于温度变化、岩石空隙中水的冻融或盐类的结晶而产生的机械崩解过程。物理风化中的日晒风化常发生在日夜温差较大的地区。由于岩石是热的不良导体，温度变化会引起岩石表层与内部受热不均，产生差异膨胀和收缩，导致崩解破碎。

沉积岩的风蚀作用（贵德国家地质公园）

化学风化作用是指岩石在水、水溶液以及空气中的氧气和二氧化碳等的作用下所发生的溶解、水化、水解、氧化和碳酸化等一系列复杂的化学变化。

生物风化作用是指生物的生命活动过程和尸体的腐烂分解过程对岩石的破坏作用。例如，随着树木的生长，其根系越来越大，同时对岩石的裂隙壁产生了极大的作用力，就像楔子一样将岩石沿裂隙劈开，造成机械风化。

树木的根劈作用

（2）剥蚀作用

剥蚀作用是指各种运动的介质在其运动过程中，使地表岩石产生破坏并将其产物剥离原地的作用。地表的矿物、岩石，经风化作用分解、破碎，在运动介质的作用下就可能被剥离原地。

小知识

风蚀蘑菇

携带沙粒的风是风蚀作用最主要的动力。风挟带沙石对地面岩石正面冲击和磨蚀,从而使岩石风化、破碎。在长期的风蚀作用下,地面的物质不断遭受破坏和改造,可形成各种奇特的地形,如风蚀蘑菇。风蚀蘑菇是在干燥地区由于近地面的风含沙粒较多、较粗,磨蚀力较强,从地表向上逐渐减弱,从而使岩石形成顶部大底部小、外形呈蘑菇状的石块,故而得名。

风蚀蘑菇模型(摄于撒哈拉沙漠)

（3）搬运作用

地表风化和剥蚀作用的产物分为碎屑物质和溶解物质,它们除少量残留在原地外,大部分都要被运动介质(包括水流、波浪、潮汐流、海流、冰川、地下水、风等)搬运走。自然界中的风化、剥蚀产物被运动介质从一个地方转移到另一个地方的过程称为搬运作用。

风的搬运作用(沙尘暴)

（4）沉积作用

被运动介质搬运的物质到达适宜的场所后，由于条件发生改变而发生沉淀、堆积的过程，称为沉积作用。经过沉积作用形成的松散物质叫沉积物。

我国陕甘宁地区的黄土高原是风力沉积作用的结果。强劲的西北风从遥远的中亚、新疆、蒙古搬来沙尘，经过上百万年沉积形成深厚的黄土分布区。

流水沉积作用往往发生在河床坡度减小、水流速度变慢、河流搬运能力减弱的地方，如在河口部位形成三角洲地貌，典型的三角洲见于长江、尼罗河等河流的河口。

2. 外动力地质作用的形式

外动力地质作用在形式上分别表现为风的搬运作用、河流的侵蚀作用、地下水的溶蚀作用、海洋的海蚀作用和冰川的冰蚀作用。

（1）河流的侵蚀作用

河水在流动过程中，以其自身的动力以及所携带的泥沙对河床的破坏，使其加深、加长和加宽等的过程，称为河流的侵蚀作用。

河流的侵蚀作用

（2）地下水的溶蚀作用

地下水是存在于地下沉积物或岩石空隙中的水。它不单是一种水流，能机械冲刷岩石，还是一种溶剂，产生溶蚀作用。在地下水作用下，处在地壳表层的岩石或矿床，尤其是可溶性岩石和可溶性矿床，遭受破坏，同时也改变了地形。

小知识

溶　洞

溶洞是由地下水雕塑出的自然奇观，宛如地下龙宫。洞内各种石笋、钟乳石、石柱姿态各异，或高大崎岖，或精怪玲珑，鬼斧神工，浑然天成。洞内幽暗曲折的地下河神秘莫测，可乘船荡舟；沿途岩石景观姿态各异，美不胜收。置身其中，如入仙境。

如此壮美的溶洞奇景是怎么形成的呢？原因是：地下水中含有二氧化碳，呈酸性，当地下水流经石灰岩层时，会沿着岩石裂隙不断侵蚀、溶解石灰岩，日积月累，这些岩石就会形成溶洞。当溶洞形成之后，不但洞底有水，洞顶也有水顺着岩层裂隙向下渗漏，这些水中含有从石灰岩中溶蚀出来的碳酸氢钙。在水珠滴落过程中，随着水分蒸发，一部分碳酸氢钙又会变成碳酸钙沉积下来，黏附在洞顶的岩石上，形成倒锥形的钟乳石；若含有碳酸氢钙的液滴滴到岩洞下面，不断堆积并向上生长，就会形成石笋；当钟乳石和石笋结成一体时，就形成了石柱。

云南九乡地下龙宫溶洞

邢台崆山白云洞溶洞

小知识

喀斯特地貌

当地下水或者雨水与碳酸盐类的灰岩、白云岩接触时,就会有碳酸盐溶于水中。经过长时期的溶解、侵蚀,就会形成溶洞、石林等特殊地貌,称为喀斯特地貌。"中国南方喀斯特"是中国的世界自然遗产,由云南石林、贵州荔波、贵州施秉、重庆武隆、重庆金佛山、广西桂林和广西环江七地的喀斯特地貌组成。

喀斯特地貌之云南石林

喀斯特地貌

（3）海洋的海蚀作用

海水的运动是海洋地质作用最重要的动力。波浪、潮汐、海流等对海岸进行侵蚀即为海蚀作用。

海蚀作用（福建平潭）

（4）冰川的冰蚀作用

冰川是在重力的影响下由高山雪源区向下缓慢移动的冰体。冰川的冰蚀作用非常厉害，可以形成各种冰川地貌，如冰斗、角峰等。

瑞士 Zemart 雪山和现代冰川

矿物、岩石与矿产篇

　　大自然鬼斧神工，造就了多种类型的岩石、多姿多彩的矿物和丰饶富集的矿产。

　　矿物是指由地质作用形成的天然单质或化合物，多种矿物组成岩石，而能为人类提供有用元素的矿物和矿物集合体就是矿产。因此，认识岩石、了解矿产要从熟悉矿物开始。

第一章　矿　物

一、什么是矿物

我们身边处处都有矿物的身影，小到一枚铁质纽扣，大到花岗岩、大理石等建筑石材，甚至厨房里必不可少的调味料——食盐，都是矿物或者几种矿物的集合体。

那么，什么是矿物呢？矿物就是由地质作用形成的，在一定地质和物理化学条件下处于相对稳定状态的单质和它们的化合物。矿物具有相对固定的化学组成，呈固态者还具有确定的内部结构。矿物是组成岩石和矿石的基本单元。

二、矿物的命名

矿物学中主要依据矿物的形态、物理性质、化学成分等属性对矿物进行命名，或者以矿物的研究者、发现地命名，如：石榴子石就是因其单体的形态（菱形十二面体）酷似石榴籽而得名，橄榄石则是因为其独特的橄榄绿色而得名。习惯上把具金属光泽或半金属光泽以及可以从中提炼某种金属的矿物称为"××矿"，如方铅矿、黄铜矿；把具玻璃光泽或金刚光泽的矿物称为"××石"，如方解石、孔雀石；把硫酸盐矿物称为"×矾"，如胆矾、铅矾；把玉石类矿物称为"×玉"，如硬玉（玉石之王翡翠的主要成分）、软玉；把地表松散的矿物称为"×华"，如镍华、钨华。

三、矿物的分类

目前，已知的矿物多达 4 000 种。矿物学家将矿物分为自然元素矿物、硫化物及其类似化合物矿物、氧化物和氢氧化物矿物、含氧盐矿物、卤化物矿物五大类。

1. 自然元素矿物

自然元素矿物是指由一种元素（单质）构成的矿物。地壳中已知的自然元素大约有 90 种，可分为金属元素和非金属元素。金属矿物是指具有明显金属性质的矿物，分为黑色金属和有色金属。天然存在的金属元素种类约有 70 种，性质相似，主要表现为还原性、有光泽、良好的导电性与导热性、质硬、延展性，常温下一般是固体。非金属元素有 22 种，大多在现代社会中占有重要地位。

（1）金属元素矿物

① 自然铜，即铜元素天然生成的各种片状、板状、块状集合体。没有氧化的自然铜表面为红色，具有金属光泽。铜是人类最早使用的金属，化学性质稳定，有良好的导热性，如古代青铜制作的鼎就是最早用作烹煮的器物。此外，铜还具有良好的导电性，可以用来制作导线等。

自然铜

② 自然金,即自然产出的金元素矿物,是一种产自脉矿或砂矿的自然金块。有的大块自然金形状酷似狗头,故名狗头金。自然金有树枝状、粒状、片状、块状等,个别块体重达数十千克,颜色和条痕为金黄色。金具有极好的导电、导热、抗强酸、强延展等性能,有很多重要用途。金是贵重金属,在地壳中含量较少,长期以来一直被用作货币、储备、工艺品和首饰等。世界上最大的一块自然金发现于1858年,产地是澳洲西部的巴拉喇脱金矿,质量为83.95千克。

自然金

小知识

如何鉴定黄金?

黄金的化学性质稳定,所以可以用火烧,看它是否变黑,所谓"真金不怕火炼"。要与黄铜矿和黄铁矿区分的话,可以在白瓷片上划一下,观察条痕的颜色,金的条痕呈金黄色,而黄铜矿或黄铁矿的条痕呈绿黑色。

（2）非金属元素矿物

非金属元素矿物是指不具有金属或半金属光泽，无色或呈各种浅色，在 0.03 毫米厚的薄片下透明或半透明，导电性和导热性差的矿物。

① 金刚石，俗称金刚钻，是钻石的原石，由碳元素组成。金刚石主要储存在金伯利岩或钾镁煌斑岩中。金刚石的用途非常广泛，如作为工艺品以及工业中的切割工具、磨料，还可以加工制作成钻石等。长久以来，金刚石被公认为是世界上最坚硬的物质，在工业中，金刚石制成的部件可以用来切割很多大型材料或者抛光小型部件。金刚石的主要生产国为澳大利亚、俄罗斯、南非、博茨瓦纳和扎伊尔等。中国也出产少量天然金刚石，最著名的是 1977 年 12 月 27 日在山东省临沭县岌山镇常林村发现的一颗巨大的金刚石—— 常林钻石，淡黄色，透明，大小为 36.3 毫米×29.6 毫米×17.3 毫米，重 158.786 克拉。除山东省外，我国著名的金刚石产地还有湖南省和辽宁省。

金刚石晶体

小知识

石墨可以转化成金刚石吗?

同由碳元素构成,石墨廉价且储量丰富,金刚石却昂贵而稀少,那么有没有办法将石墨转化成金刚石呢?其实,世界上包括中国在内已有十几个国家掌握了合成金刚石的技术,大致方法是:以金属铁、钴、镍等作为催化剂,在5万~6万个标准大气压及1 000~2 000 ℃高温下进行反应。但是这样得到的金刚石颗粒很小,无法用作饰品,只能用于工业用途。

② 石墨,天然形成的碳元素集合体,属于单元素矿物。石墨质软,黑灰色,有油腻感,具有良好的导电导热性和化学稳定性,并可耐高温,因此用途非常广泛,如可以用于制作电池中的石墨电极、冶金工业中的石墨坩埚、化学反应中的反应槽等。此外,它还是制作铅笔芯和染料的原料。我国山东省莱西市和黑龙江省鸡西市都是石墨的重要产地。

石墨

小知识

石墨烯

人们常见的石墨是由一层层以蜂窝状有序排列的平面碳原子堆叠而成的,碳原子的层间作用力较弱,很容易互相剥离,形成薄薄的石墨片。当把石墨片剥成单层之后,就成了只有一层碳原子厚度的二维晶体——石墨烯。石墨烯是迄今为止自然界最薄、强度最大(强度比世界上最好的钢铁还要高上100倍,比金刚石的硬度还大)、导电导热性能最强的一种非常致密、韧性好而又安全透明的新型纳米材料,被称为"黑金",是"新材料之王",未来可广泛应用于电子、航天、光学、储能、生物医药、日常生活等很多领域,科学家甚至预言石墨烯将彻底改变21世纪,极有可能掀起一场席卷全球的颠覆性新技术新产业革命。

③ 自然硫,指自然产出的硫元素矿物。自然硫的鉴别相对容易,外表呈黄色、硬度较低、具硫臭味和点燃时具有蓝紫色火焰是它的鉴定特征。自然硫多用于制作硫酸和硫黄,也有一定的药用价值,可杀虫止痒。

自然硫

2. 硫化物及其类似化合物矿物

硫化物矿物有 200～300 种。

① 黄铁矿，呈黄铜色，具有明亮的金属光泽，外观与自然金十分相似，但是黄铁矿的条痕色为绿黑色，区别于金的金黄色。此外，黄铁矿晶体多呈立方体，也有八面体，通常晶形完好、晶面有条纹，所以较容易区分。虽然黄铁矿含铁，但通常不用于炼铁，而是用于生产硫黄和硫酸，因为用于炼铁会造成比较严重的环境污染。

立方体黄铁矿

② 毒砂（FeAsS），俗称白砒石，是一种砷的硫化物，其砷含量达 46%，常用于提炼砒霜 [主要成分是三氧化二砷（As_2O_3）]。我国的毒砂矿主要分布在湖南、江西、云南等地。

八面体黄铁矿

③ 雄黄（As_4S_4），又称石黄、黄金石、鸡冠石，是一种硫化物矿物，通常为橘黄色粒状固体或橙黄色粉末，质软，性脆，常与雌黄共生。《白蛇传》里白素贞因喝下雄黄酒而现出蛇形的情节让雄黄酒可以辟邪的传说变得家喻户晓。然而，雄黄虽有一定的药用价值，但它是一种砷的硫化物，加热到一定程度以后会生成砒霜，所以雄黄酒不能喝，用作药物时也一定要谨遵医嘱。

毒砂

雄黄

④ 雌黄（As_2S_3），一种硫化物矿物，有剧毒。雌黄单晶体的形状呈短柱状或板状，集合体的形状呈片状、梳状、土状等，颜色为柠檬黄色，有轻微的特殊臭味，常与雄黄共生，因此雄黄和雌黄又被称为"鸳鸯矿"。但是，雌黄的颜色比雄黄略浅，所以比较易于区分。雌黄因其鲜亮的柠檬黄色常用作颜料。

雌黄

⑤ 辉锑矿（Sb_2S_3），一种硫化物矿物，多呈针状集合体，熔点很低，用蜡烛加热就会熔化。辉锑矿是提炼锑最重要的矿物原料，也是分布最广的锑矿石。60% 的锑用于生产阻燃剂，20% 的锑用于制造电池中的合金材料、滑动轴承和焊接剂。中国是著名的产锑国家，储量居世界第一，尤以湖南新化锡矿山的锑矿储量大、质量高而闻名世界。

雌黄雄黄共生体

⑥ 辰砂（HgS），因颜色常呈红色，又称丹砂、朱砂。也有的辰砂为黑色。辰砂是古代主要的炼丹原料。我国著名的印章石——鸡血石，就是因为含有辰砂而呈鲜红色。辰砂也有一定的药用价值，《神农本草经》中记载，辰砂可以"养精神、安魂魄、益气、明目"。

辉锑矿

辰砂（黑色矿物）

小知识

成语"信口雌黄"的由来

成语"信口雌黄"的意思是不顾事实,随口乱说或妄作评论。但为什么成语中会包含雌黄这种矿物呢?在古代,雌黄扮演着涂改液的角色。当时的纸张是黄色的,与雌黄的颜色相近,如果写错字,用雌黄涂一涂就可以重写,所以就有了"信口雌黄"这个成语。

 侧栏故事

皇帝炼丹

我国古代的皇帝对"长生不老"有着极强烈的渴望:秦始皇曾派千名童男童女入海寻觅长生不老药,唐朝时几乎历代皇帝都热衷于炼丹。

实际上,炼丹的主要原料是硫黄、辰砂、铜、金、汞等,也就是说除硫化物、硫砷化物之外,就是重金属。古代人认为,这些矿物本身不易变质且保存时间长,那么人服用之后也应该可以延年益寿。这是当时社会上普遍存在的错误认识,其实长期服用会中毒,仅唐代服丹身亡的皇帝就有太宗、穆宗、武宗、宣宗等人。

3. 氧化物和氢氧化物矿物

氧化物和氢氧化物矿物有 180 ~ 200 种。

（1）氧化物矿物

① 石英（SiO_2）。地壳中含量最多的两种元素是氧（O）和硅（Si），石英则是由这两种元素组成的，所以是地壳中分布最广的矿物。我们熟悉的珠宝中很多都属于石英类，如晶莹剔透的水晶（结晶状态）、玉髓以及价格亲民的玛瑙（非结晶状态）等。

水晶

赤铁矿

② 赤铁矿，铁的氧化物矿物。就像它的名字，多为红褐色，条痕呈鲜红色。赤铁矿是重要的铁矿石之一，也可以用作颜料。太阳系八大行星之一的火星表面多被赤铁矿覆盖，于是火星就像穿上了一件红色的纱衣。

③ 刚玉（Al_2O_3），铝的氧化物，硬度仅次于金刚石。纯净的刚玉是无色透明的，但如果含有适量的铬元素就会呈现红色，被称为红宝石。除红宝石外，其他颜色的刚玉宝石统称为蓝宝石，是含少量钛元素和铁元素所致，有粉红、黄、绿、白等颜色，甚至在同一颗蓝宝石中也有多种颜色。

刚玉

（2）氢氧化物矿物

氢氧化物矿物的代表是水镁石和铝土矿。需要注意的是，它们并不是一种单质或化合物，而是几种矿物的集合体，分别用于提炼镁和铝。

4. 含氧盐矿物

含氧盐矿物几乎占地球已知矿物的 2/3。

① 电气石。因受热时会带电荷而得名,是地球上存在的矿物质中唯一带永久电极的硼硅酸盐结晶体,可分为彩色电气石和黑色电气石两种,一般为柱状结晶体形态。电气石有三大功效:发射远红外线,释放负离子,活化水分子。电气石产生的负离子可以平衡人体体液,使酸性体液碱性化,对人体健康有益。

电气石

宝石级的电气石叫碧玺,有多种颜色。有"天然负离子仪"美誉的碧玺手链非常热销。

② 绿柱石,又称绿宝石,是铍-铝硅酸盐矿物,主要产于花岗岩、伟晶岩中。绿柱石有多种颜色:纯净的绿柱石无色透明,含少量铁元素的呈蓝色(宝石学名为海蓝宝石),含锰元素的呈粉红色(称为摩根石),含铬离子的呈绿色(宝石级的绿柱石称为祖母绿)。

绿柱石

③ 蛇纹石，因花纹酷似蛇纹而得名，是一种含水的富镁硅酸盐矿物的总称。蛇纹石的颜色大多为绿色，少量为白色或褐色。通常所说的"岫岩玉"的主要成分就是蛇纹石。相比翡翠，岫岩玉的密度较小，硬度较低，因此可以从这两点上简单地区分岫岩玉和翡翠。

蛇纹石

④ 方解石，是一种分布极广的碳酸盐矿物，因敲击时会沿解理方向碎裂并得到方形的碎块而得名。无色透明的方解石称为冰洲石，因具有双折射率常被用于制作偏光棱镜。

方解石晶体

方解石（带雄黄包裹体）

小知识

沙漠玫瑰

这里所讲的沙漠玫瑰并不是原产自非洲肯尼亚等地、花朵红如玫瑰的那种夹竹桃科植物，而是浩瀚戈壁滩中的一种奇石。沙漠玫瑰是方解石、石英和透明石膏的共生体，因为生长时特殊的双晶结构使共生体的外形看起来酷似玫瑰，而且又多出现在沙漠地区，所以而得名。

沙漠玫瑰

⑤ 重晶石（$BaSO_4$），自然界分布最广的含钡矿物。它最突出的物理特征是密度大，有种沉甸甸的感觉，不愧被称为"重晶石"。重晶石广泛用作石油、天然气钻探泥浆的加重剂。

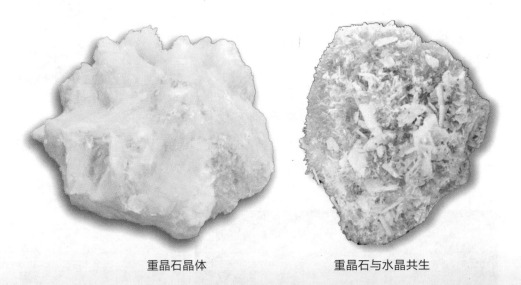

重晶石晶体　　　　　　　　　　重晶石与水晶共生

⑥ 绿松石，又称松石，因形似松球、色近松绿而得名，含铜的氧化物时呈蓝色，含铁的氧化物时呈绿色。

5. 卤化物矿物

卤化物矿物约有 120 种。

① 萤石（CaF_2），又称氟石，是提取氟的重要矿物，因在紫外线或阴极射线照射下会发出如同萤火虫一样的荧光而得名。当含有一些稀土元素时，除去紫外线或阴极射线照射后，萤石依旧能持续发光较长一段时间，传说中的"夜明珠"就是由萤石制成。萤石有多种颜色，也可以是无色透明的，具有磷光效应，是制造镜头所用的光学玻璃的材料之一。

萤石

② 石盐（NaCl），是氯化钠的矿物，包括人们日常食用的食盐和岩盐。石盐是典型的化学沉积成因的矿物，在盐湖或潟湖中与钾盐和石膏共生，可作为食品调味料和防腐剂，是重要的化工原料。我国有多个大规模石盐矿床，以柴达木盆地、江苏淮安最为有名。

石盐（察尔汗盐湖）

四、矿物的性质

1. 矿物的形态

矿物的形态是指矿物单晶体、规则连生晶体和集合体的外形特征。不同成分的矿物,由于形成的温度、压力和结构构造不同,会形成各种矿物形态,如:绿柱石呈柱状,石棉呈纤维状,云母呈片状,黄铁矿呈粒状或立方体状,钟乳石呈钟乳状。

石棉(纤维状)

绿柱石(柱状)

云母(片状)

黄铁矿(立方体状)

钟乳石(钟乳状)

钟乳石(钟乳状)

矿物的形态

牡丹石

　　牡丹石发现于牡丹花产地洛阳市城郊,为灰绿岩和白色斜长石混合体,其底色为黑色,白色的斜长石晶体呈花状分布,宛如一朵朵国色天香的牡丹,有的像含苞,有的似盛开,由此得名。据地质年代测定,牡丹石形成时间距今有 3 亿~4 亿年。

牡丹石

2. 矿物的颜色

　　颜色是矿物的重要光学性质之一,是人们的一种生理感觉。不少矿物有特殊的颜色,因此颜色可以作为矿物的一种鉴定特征,如紫晶为紫色,孔雀石为绿色等,见下表。

矿物的颜色

颜色	紫色	蓝色	绿色	橙黄色	褐色
标准矿物	紫晶	蓝铜矿	孔雀石	雌黄	褐铁矿

紫晶（紫红色）

蓝铜矿（蓝色）

孔雀石（绿色）

雌黄（橙黄色）

褐铁矿（红褐色）

矿物的颜色

3. 矿物的光泽

光泽是指矿物表面反射可见光的能力，是评价矿物的一个重要指标。矿物光泽的强弱取决于矿物的折射率、吸收系数和反射率。反射率越大，矿物的光泽就越强；反之，则弱。

矿物的光泽分为金属光泽、半金属光泽和非金属光泽三个等级。金属光泽是指如同金属抛光后的表面所反射的光泽；半金属光泽是指比新鲜金属的抛光面略暗一些的光泽，很像陈旧金属器皿表面所反射的光泽；非金属光泽又细分为金刚光泽、玻璃光泽、珍珠光泽、油脂光泽、树脂光泽、丝绢光泽、蜡状光泽、土状光泽八种。例如，方铅矿为金属光泽，赤铁矿为半金属光泽，金刚石为金刚光泽，石英为玻璃光泽，石榴子石为油脂光泽，白云母为珍珠光泽，叶蜡石为蜡状光泽。

方铅矿（金属光泽）　　　　　　叶蜡石（蜡状光泽）

矿物的光泽

4. 矿物的条痕

条痕是矿物在无釉白色瓷板上摩擦时所留下的粉末痕迹。矿物擦碎成粉末后，可以消除假色，减弱他色，故矿物条痕的颜色较为固定，如：赤铁矿的条痕为红棕色，黄铁矿的条痕为黑绿色，辰砂的条痕为红色，孔雀石的条痕为绿色，蓝铜矿的条痕为蓝色。矿物的条痕可以与其本身的颜色一致，也可以不一致，如：方铅矿的颜色是铅灰色，条痕却是黑色；斜长石的颜色是白色，条痕也是白色。

5. 矿物的透明度

透明度是指矿物可以透过光线的程度。根据厚度为 0.03 毫米的矿物薄片的透光程度，可将矿物分为透明矿物、半透明矿物和不透明矿物，野外观察时可根据矿物棱角边缘粗略判断，如：石英为透明矿物，闪锌矿为半透明矿物，黄铁矿为不透明矿物。

6. 矿物的解理

解理是指晶体在外力（压力或打击力）作用下，沿一定的结晶方向裂成平面的固有性质。所裂成的平面称为解理面。解理可以用来区别不同的矿物。不同的晶质矿物,解理的数目、完善程度和夹角都不同,可分为五级——极完全解理、完全解理、中等解理、不完全解理、极不完全解理(或称无解理),如:云母为极完全解理,方解石为完全解理,角闪石为中等解理,橄榄石为不完全解理,石榴子石为极不完全解理。

7. 矿物的断口

断口是指矿物受力后不按一定的方向破裂,而是形成形状凹凸不平的破裂面。没有解理或解理不清楚的矿物才容易形成断口。常见的断口有贝壳状断口、不平坦断口、参差状断口。玛瑙属于贝壳状断口,橄榄石属于参差状断口。

8. 矿物的硬度

硬度是指材料局部抵抗硬物压入其表面的能力。摩氏硬度是表示矿物硬度的一种标准,1812 年由德国矿物学家腓特烈·摩斯首先提出,共分 10 级,最低级为 1,最高级为 10,见下表。各级之间硬度的差异不是均等的,只表示硬度的相对大小。

摩氏硬度表

等级	1	2	3	4	5	6	7	8	9	10
代表矿物	滑石	石膏	方解石	萤石	磷灰石	正长石	石英	黄玉	刚玉	金刚石

小知识

硬度比较

人手指甲的硬度约为 2.5,因此,手指甲可以划破滑石和石膏,但不能划破方解石;小钢刀的硬度约为 5.5,玻璃的硬度约为 5,因此,小钢刀可以划破玻璃,但不能划破石英。

第二章 岩 石

一、什么是岩石

当你看到闪亮夺目的钻石、晶莹剔透的水晶、白璧无瑕的玉石时，有没有想过它们来自哪里，又是怎样形成的呢？

地壳就像披在地球上的坚硬盔甲，由岩石组成。岩石是固态矿物或矿物的混合物，是由一种或多种矿物组成并具有一定结构构造的集合体，也有少数岩石包含生物的遗骸或遗迹（即化石）。

二、岩石的类型

岩石分为岩浆岩、沉积岩、变质岩三大类。

1. 岩浆岩

地下深处的岩浆受力上升后,一部分喷出地表形成火山喷发,另一部分沿着裂隙进入地壳。岩浆岩就是由岩浆喷出地表或侵入地壳冷却凝固形成的岩石,所以也称为火成岩,约占地壳总体积的65%,总质量的95%。岩浆喷出地表后形成的叫喷出岩,未喷出地表而只是侵入地壳的叫侵入岩。另外,岩浆岩按SiO_2的含量可分为超基性岩、基性岩、中性岩和酸性岩四大类。

(1)超基性岩

这类岩石中SiO_2含量小于45%。

① 橄榄岩,超基性侵入岩的一种,是一种深色、粗粒且比较重的岩石,橄榄石含量在10%以上,高的可达40%~90%,此外还富含铁、镁等矿物。橄榄岩有黑色、暗绿、黄绿、墨绿等颜色,在潮湿温暖的环境中会变成土壤。橄榄岩是橄榄石的母岩,纯净、透明、无裂纹、具橄榄绿色的橄榄石可作为宝石。

橄榄岩

② 金伯利岩,是指由橄榄岩经高温高压形成的一种少见的不含长石的岩石。这种岩石最初在南非的金伯利被发现,因此而得名。金伯利岩是金刚石的母岩,但金刚石对环境要求严格,必须在高温高压并突然爆破至低温低压的开放环境中方能形成。金刚石是钻石的原石,在开采出的金刚石中,平均只有20%达到宝石级,其他80%只能用于工业。

金伯利岩

小知识

哪些岩石中可以找到金刚石?

1979年在澳大利亚的东金伯利找到迄今世界上品位最高、储量最大的阿尔盖钾镁煌斑岩后,又在世界各地的方辉橄榄岩、纯橄岩、碱性超基性岩、碱性煌斑岩、片麻岩中的榴橄岩和榴辉岩中发现了金刚石,这说明金刚石不是金伯利岩的专属品。

③ 碳酸岩,是指在空间上和成因上与碱性超基性杂岩体有关的、主要为碳酸盐矿物组成的火成岩。岩石呈浅灰至灰白色,含有丰富的稀土元素,提取的稀土元素可以用于工业、农业、环境保护等领域。按其成因和产状特征可以分为两类:属于岩浆成因的称为碳酸岩,属于沉积成因的称为碳酸盐岩。

小知识

碳酸岩浆喷发

非洲坦桑尼亚的欧尔多因佑连盖火山是地球上唯一喷发碳酸岩浆的活火山。碳酸岩熔岩喷发时的温度高达 530 ℃,四处飞溅的熔岩滴足以烧穿棉质的跳伞衣。

（2）基性岩

这类岩石中 SiO_2 含量为 45% ~ 52%。

① 辉长岩,一种深层基性侵入岩,是深部洋壳的代表性岩石之一,灰黑色,主要由含量基本相等的单斜辉石和斜长石组成,广泛分布于地球和月球上。

辉长岩

② 辉绿岩,一种浅层基性侵入岩,多呈深色、灰黑色,成分与辉长岩差不多。辉绿岩是上等的建筑材料,如贵州的"罗甸绿"、山西的"太白清",还可作为修公路用的沥青混凝土碎石。

辉绿岩

③ 玄武岩,最初是在日本兵库县玄武洞发现,故而得名。玄武岩是一种基性喷出岩,是火山喷发出的岩浆在地表冷却后形成的火成岩,也是地球洋壳和月球月海的最主要组成物质,多为黑色、黑褐色或暗绿色。玄武岩具有耐磨性强、吃水量少、导电性能差、抗压性强、抗腐蚀性强、沥青黏附性强等优点,是发展铁路运输和公路运输最好的基石。有的玄武岩由于气孔特别多,质量减轻,甚至可以在水中浮起来,因此称为"浮石"。将浮石掺在混凝土里,可以使混凝土质量减轻,这样不仅坚固耐用,而且有隔音、隔热等效果。浮石也广泛用于园林景观,主要用作假山、盆景等。

小知识

玄武岩柱状节理

柱状节理是指在玄武岩熔岩流中,垂直冷凝面发育成的规则的六方柱状节理。柱状节理是岩浆喷发冷却形成的。岩浆在散热冷凝过程中,其表面形成无数个冷凝收缩中心,如果岩石结构均匀,这些收缩中心将均匀而等距排列(呈等边三角形分布,冷凝中心距离相等),因张力作用而裂开并向各中心收缩,其裂块横切面多呈六边形,风化以后形成上细下粗的六方柱。

漳州南碇岛玄武岩柱状节理
(周吉光拍摄)

（3）中性岩

这类岩石中 SiO_2 含量为 52% ～ 65%。

① 闪长岩，是中性深层侵入岩的典型代表，颜色较深，多呈灰黑色、带深绿斑点的灰色或浅绿色，主要由中性斜长石、普通角闪石组成。当里面的暗色矿物经某种化学变化后，岩石显出不同程度的绿色色调，更具美感，因此多用以制作台阶和阳台地板，如山东的"泰安绿"。

闪长岩

② 安山岩，是一种中性钙碱性喷出岩，得名于南美洲西部的安第斯山（Andes），呈深灰色、浅玫瑰色、暗褐色等，分布于环太平洋活动大陆边缘及岛弧地区。

安山岩

（4）酸性岩

这类岩石中 SiO_2 含量大于 65%。

① 花岗岩。花岗岩有"坚硬岩石"之意，是岩浆在地壳深处逐渐冷却结晶形成的深层酸性侵入岩，因形成发育完好、肉眼可辨的矿物颗粒而得名。花岗岩一般呈黄色带粉红，也有灰白色，

花岗岩原石

具有硬度高、耐磨损、抗风化、吸水少等优点。得天独厚的物理特性加上美丽的花纹使它成为上好的建筑材料，素有"岩石之王"之称，除了用作高级建筑装饰材料外，还是露天雕刻的首选之材。北京天安门前的人民英雄纪念碑以及著名的埃及金字塔都是由花岗岩雕琢而成。

层状花岗岩
（拍摄于克什克腾旗世界地质公园）

② 流纹岩，是一类 SiO_2 含量大于 65% 且富含长石石英矿物的酸性喷出岩，为灰色、粉红色或砖红色，在全球分布广泛。有些流纹岩因为特殊的发育及外力作用，常塑造出许多形态独特且类型丰富的地貌景观，这些岩石或秀丽或雄伟，成为重要的旅游景观。

流纹岩

2. 沉积岩

沉积岩，又称水成岩，是指成层堆积的松散沉积物固结而成的岩石，是早期形成的岩石（沉积岩、岩浆岩和变质岩）经过风化形成的砾石、砂、黏土、灰泥和一些火山喷发物，经过水流或冰川的搬运、沉积、成岩作用而形成的。

太行山灰岩

广东韶关丹霞山砂岩

贵德国家地质公园泥岩

沉积岩层状构造

矿物、岩石与矿产篇

在地球表面出露的岩石中,沉积岩占了70%的出露面积,但从体积上看,沉积岩仅占地壳的5%。沉积岩中所含有的矿产占全世界矿产蕴藏量的80%。此外,沉积岩中的化石较易完整保存,因此沉积岩也是古生物学和考古学的重要研究对象。

（1）陆源碎屑岩

陆源碎屑岩是指由早先生成的岩石经风化、剥蚀形成的碎屑（包括岩石碎屑和矿物碎屑），经过搬运、沉积和成岩作用形成的岩石,包括砾岩、砂岩、粉砂岩和泥质岩。

① 砾岩,由30%以上直径大于2毫米的颗粒碎屑组成的岩石。其中,由磨圆度较好的砾石、卵石胶结而成的称为砾岩,由带棱角的角砾石、碎石胶结而成的称为角砾岩。砾石层常是重要的储水层,砾岩的填隙物中常含金、铂、金刚石等贵重矿产,砾岩还可作为建筑材料。

② 砂岩,主要由砂粒胶结而成,其中砂粒含量大于50%。绝大部分砂岩是由石英或长石组成的,结构稳定,通常呈淡褐色或红色,主要含硅、钙、黏土和氧化铁。一些砂岩中富含砂金、锆石、金刚石、钛铁矿、金红石等砂矿。砂岩是用途最广泛的建筑石材。世界上已被开采、利用的砂岩有澳洲砂岩、印度砂岩、西班牙砂岩、中国砂岩等,其中色彩、花纹最受建筑设计

砾岩

砂岩

粉砂岩

师欢迎的是澳洲砂岩,其产品具有无污染、无辐射、无反光、不风化、不变色、吸热、保温和防滑等特点。砂岩高贵典雅的气质以及坚硬的质地成就了世界建筑史上一个个奇观,如法国的巴黎圣母院、罗浮宫,英伦皇宫,美国的国会、哈佛大学等。

粉砂岩

③ 粉砂岩,指主要由粉砂碎屑组成的沉积岩,粒径为 0.003 9 ~ 0.062 5 毫米,粉砂含量在 50% 以上。粉砂岩的颜色多种多样,随混入物的成分不同而不同。粉砂岩形成于弱水动力条件下,常堆积于湖泊、沼泽、河漫滩、三角洲和海盆地环境,是经过长距离搬运,在水动力条件比较安静时缓慢沉积形成的。粉砂岩主要用于建筑材料。由于极具吸引力的外观,粉砂岩成了备受追捧的工艺素材。

泥岩

④ 泥质岩,又称黏土岩,是由泥巴和黏土固化而成的沉积岩。疏松的称为黏土,固结的称为页岩和泥岩。其粒径小于 0.003 9 毫米,细碎屑含量大于 50%;并含有大量黏土矿物。泥质岩主要由黏土矿物组成,其次为碎屑矿物,如石英、长石和少量自生非黏土矿物(包括铁、锰、铝的氧化物和氢氧化物,碳酸盐,硫酸盐,硫化物,硅质矿物,以及一些磷酸盐等),此外还含有不定量的有机质。泥质岩是分布最广的一类沉积岩,地球表面的大陆沉积物中,69% 是页岩;在整个地质时期所产生的沉积物中,页岩占 80%。泥质岩具有可塑性、耐火性、烧结性、吸附性、吸水性等特点,被广泛应用于制砖瓦、制陶瓷等工业。

页岩

小知识

常见的沉积构造

☆波痕

波痕是由风、水流或波浪等作用在沉积物表面所形成的一种波状起伏的层面构造,通过波痕的方向可以判断风或水流的方向。

☆龟裂

龟裂也称网裂,裂缝与裂缝连接成龟甲纹状的不规则裂缝,且短边长度不大于40厘米,是在气候干燥或太阳暴晒时,暴露的沉积物由于水分快速蒸发而收缩形成的构造。

砂岩波痕

龟裂

（2）内碎屑岩

内碎屑岩主要是由沉积盆地中固结的或半固结的沉积岩经水流、风暴、滑塌或地震等作用再次破碎而成的,其中最为常见的是碳酸盐岩的内碎屑岩。碳酸盐岩是由沉积形成的碳酸盐矿物组成的岩石的总称,主要为石灰岩和白云岩,通常为灰色、灰白色。

碳酸盐岩中的矿产广泛应用于冶金、建筑、装饰、化工等工业,碳酸盐岩中还储集有丰富的石油、天然气和地下水,世界上碳酸盐岩型油气田储量占油气田总储量的50%,占油气田总产量的60%。

碳酸盐岩

（3）生物沉积岩

生物沉积岩是指由生物体堆积而成的一类沉积岩，如叠层石和珊瑚。

生物沉积岩——珊瑚

小知识

叠层石

叠层石，由蓝绿藻等低等微生物在生长和代谢活动过程中，黏附和沉淀矿物质或捕获矿物的颗粒所形成的一种生物沉积构造，因纵剖面呈向上凸起的弧形或锥形叠层状，如扣放的一叠碗，故而得名。

叠层石

叠层石雕像

3. 变质岩

变质岩是指受到地球内部力量（温度、压力、应力的变化等）作用，发生矿物成分和结构变化，有时也伴有化学成分变化而形成的岩石，是构成地壳的三大类岩石之一。变质岩的分类比较复杂，按照变质作用产物的特征进行分类是未来趋势。下面仅介绍几种常见的变质岩。

① 板岩，指具有板状结构，基本没有重结晶的一种变质岩。原岩为泥质、粉质或中性凝灰岩，沿板理方向可以剥成薄片。板岩的颜色随所含杂质不同而不同，含铁的为红色或黄色，含碳质的为黑色或灰色，

板岩

因此一般按其颜色命名和分类，如灰绿色板岩、黑色板岩、钙质板岩等。板岩可以作为建筑材料和装饰材料，石材优于一般的人工覆盖材料，具有防潮、抗风、保温性强等特点，板岩屋顶可以持续数百年。

② 大理岩，又叫大理石，由碳酸盐岩经变质作用形成，因我国云南省大理市盛产这种岩石而得名，白色和灰色居多。大理岩含有少量有色矿物和杂质，有的还具有各种美丽的颜色和花纹，常见的颜色有浅灰、浅红、浅黄等。许多有色金属、稀有金属、贵金属和非金属矿产在成因上都与大理岩有关。大理岩硬度不大，易于开采加工，板材磨光后非常美观，所以主要用作雕刻和建筑材料。天安门前的华表、故宫内的汉白玉栏杆、保和殿后面重达 250 吨的云龙石、人民英雄纪念碑的浮雕等都是用大理石雕琢而成。

大理岩

大理石石材

小知识

大理石与花岗岩的区别

　　大理石与花岗岩都可作为建筑材料,它们之间有什么不同之处呢?

　　从硬度上看,大理石硬度较低,一般都含杂质,暴露在自然环境中容易受到风化,进而使表面失去光泽,因此大理石一般用于室内装饰,只有少数,如汉白玉、艾叶青等杂质少的大理石,用于室外装修。而花岗岩的硬度较大,不易风化,常用于家庭的室外装修和高级建筑装修工程。

三、三类岩石的转化

　　在地球演化历程中,地壳内早期形成的岩石在地下深处会发生各种类型的变质作用或者被熔化形成岩浆,再通过岩浆活动或者地壳运动等内动力地质作用露出地表。在地球表面,岩浆岩、变质岩又可以通过风化、搬运、沉积等外动力作用,最后堆积在长期连续下陷的低洼地带,转变成沉积岩。因此,在地壳、地幔范围内,三类岩石处于不断循环的演化过程中,如下所示。

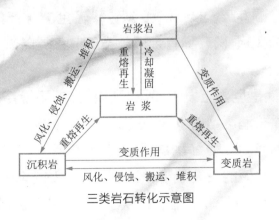

三类岩石转化示意图

第三章 矿 产

一、矿产的定义

矿产是指在地壳中由地质作用形成的有经济价值的矿物和岩石，绝大多数为固态，少数为液态和气态。

二、矿产的分类

矿产按其赋存状态可分为固体、液体和气体三类，按照工业用途，可分为金属矿产、非金属矿产、燃料矿产、水资源矿产等。

1. 金属矿产

金属矿产是指从矿石中可以提取某种供工业利用的金属元素或化合物的矿产，根据金属元素的性质和用途可分为黑色金属矿产（如铁矿和锰矿）、有色金属矿产（如铜矿和锌矿）、轻金属矿产（如铝镁矿）、贵金属矿产（如金矿和银矿）、稀有金属矿产（如锂矿和铍矿）、稀土金属矿产、分散金属矿产等。

① 铁矿。铁是世界上发现最早、利用最广、用量最多的一种金属，其消耗量占金属总消耗量的 95% 左右。铁矿种类繁多，已发现的铁矿物和含铁矿物约有 300 种，其中常见的有 170 余种，但在现有技术条件下具有工业利用价值的主要是磁铁矿、赤铁矿、磁赤铁矿、钛铁矿、褐铁矿和菱铁矿等。铁矿石主要用于钢铁工业，以冶炼含碳量不同的生铁和钢。我国铁矿资源多而不富，以中低品位矿为主，富矿资源储量只占 1.8%，而贫矿储量占 47.6%；中小矿多，大矿少，特大矿更少；矿石类型复杂，难选矿和多组分共（伴）生矿所占比重大。

磁铁矿

小知识

举世闻名的钢铁建筑——埃菲尔铁塔

埃菲尔铁塔像一个钢铁巨人仁立在法国巴黎的战神广场，是巴黎最高建筑物、世界著名建筑、法国文化象征，得名于设计它的著名建筑师、结构工程师古斯塔夫·埃菲尔。埃菲尔铁塔从1887年开始建设，到1889年竣工，历时两年多。铁塔分为三层，分别在离地面57.6米、115.7米和276.1米处，一、二层设有餐厅，三层建有观景台，从塔座到塔顶共有1 711级阶梯，共用7 000吨钢铁、12 000个金属部件、259万只铆钉，极为壮观华丽。

② 铜矿。铜矿是可以利用的含铜的自然矿物集合体的总称，一般是铜的硫化物或氧化物与其他矿物组成的集合体。铜的工业矿物有自然铜、黄铜矿、辉铜矿、黝铜矿、蓝铜矿、孔雀石等。已发现的含铜矿物有 280 多种，我国开采的主要是黄铜矿（铜与硫、铁的化合物），其次是辉铜矿和斑铜矿。

黄铜矿矿石

小知识

古代的铜镜

铜镜是中国古代文化遗产的瑰宝，由金、银、铜、铁等制成，以由铜制成的最为常见，其用途和今天的镜子基本相同。古人"以铜为镜，可以正衣冠"，也就是说，人们用它来检查自己的衣着是否整齐，形象是否良好。铜镜的外形多种多样，有的像太阳，有的像盾牌，制作精良，形态美观，图纹华丽，铭文丰富，深受人们喜欢。

③ 铅锌矿。铅锌矿是富含金属元素铅和锌的矿产。铅、锌在自然界中，特别是在原生矿床中常常共生。世界上 80% 以上的铅被用于生产铅酸电池。锌具有良好的压延性、耐磨性和抗腐性，近 50% 的锌用作防腐蚀的镀层（如镀锌板）。

铅锌矿

2. 非金属矿产

非金属矿产种类很多,这里仅介绍石膏矿。

石膏矿是一种以钙的硫酸盐矿物为主要成分的非金属矿产,主要矿物为石膏和硬石膏,主要化学成分是硫酸钙($CaSO_4$)。石膏矿以地下开采为主,常见的选矿方法有手选法、洗选法等。石膏作为一种用途广泛的工业材料和建筑材料,可用作水泥缓凝剂、建筑制品、医用食品添加剂、纸张填料、油漆填料,还可用于模型制作和硫酸生产。

石膏矿

3. 燃料矿产

① 煤矿。煤是由远古时期的植物变成的。在各个地质历史时期,石炭纪、二叠纪、侏罗纪和第三纪产煤最多,是重要的成煤时代。煤的含碳量一般为 46% ~ 97%,呈褐色至黑色,具有暗淡至金属光泽,是最主要的固体燃料。根据煤化程度不同,可分为泥炭、褐煤、烟煤和无烟煤四类。

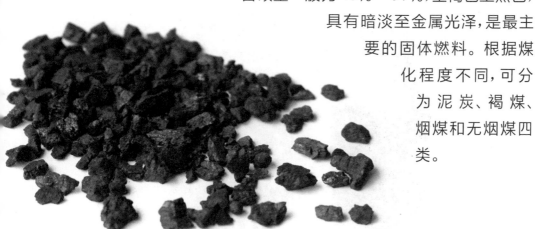

小知识

一棵树是怎么变成煤炭的?

煤是由植物埋藏在地下,经过漫长的地质作用,在隔绝空气的环境下,经过细菌、压力和温度的作用,逐步演变而成的。远在 3 亿多年前的石炭纪-二叠纪和 1 亿多年前的侏罗纪-白垩纪以及几千万年前的第三

气肥煤

纪,在湖沼、盆地等低洼地带和有水的环境里,长满了各种高大的树木(可高达 30 米)。高大的树木倒下后会被水淹没,这就导致倒木和氧隔绝。随着倒木数量不断增加,最终形成了植物遗体的堆积层。这些古代植物遗体的堆积层渐渐形成泥炭层,这是煤形成的第一步。由于地壳运动,泥炭层下沉并受到地热的作用后变成了褐煤。褐煤再进一步变化,逐渐变成了烟煤或无烟煤。

② 石油。又称原油,是从地下深处开采的棕黑色黏稠状可燃液体。它是古代海洋或湖泊中的生物沉积物经过漫长的演化形成的混合物,与煤一样属于化石燃料。石油主要被用来生产燃料油和汽油。燃料油和汽油是目前世界上最重要的一次性能源之一。石油也是许多化学工业产品(如化肥、杀虫剂和塑料等)的原料。

原油

4．水资源矿产

水资源是指能够直接或间接使用的各种水和水中物质。对人类活动具有使用价值和经济价值的水，均可称为水资源，包括地表水和地下水。地下水是指赋存于地面以下岩石空隙中的水。由于地下水水量稳定、水质好，所以是农业灌溉、工矿生产和城市生活的重要水源之一，但在一定条件下地下水的变化也会引起沼泽化、盐渍化、滑坡、地面沉降等不利自然现象。水资源矿产是指地下水。

三、矿产资源的分布

矿产资源是人类生产资料和生活资料的重要源泉，是国民经济和社会可持续发展的物质保证，当今社会 95% 以上的能源、80% 以上的工业原材料和 70% 以上的农业生产资料取自矿产资源。

1．世界矿产资源的分布

世界上任何国家和地区都有矿产资源，但不同国家和地区的矿产资源种类和储量相差很大。拿石油来说，据科学家考察和统计，全球有中东波斯湾、拉丁美洲、非洲（北非撒哈拉沙漠和几内亚湾沿岸）、俄罗斯、亚洲（东南亚、中国）、北美（美国、加拿大）、西欧（北海地区的英国和挪威）七大储油区。其中，中东波斯湾是世界上最大的石油储藏区、生产区和出口区。全球的煤主要分布在三大地带：① 亚欧大陆中部，从我国华北向西，经新疆，横贯中亚和欧洲大陆，直到英国，这是全球最大的煤带；② 北美大陆的美国和加拿大；③ 南半球的澳大利亚和南非。其他矿产资源的分布和开采集中在发展中国家和地区，而消费集中在发达国家。

2．我国矿产资源的分布

我国矿产资源丰富，迄今为止已发现矿产 171 种，其中探明储量的矿产 158 种（能源矿产 10 种、黑色金属矿产 5 种、有色金属矿产 41 种、贵重金属矿产 8 种、非金属矿产 91 种、其他水气矿产 3 种）。我国已成为世界上矿产资源总量丰富、矿种比较齐全、配套程度较高的少数国家之一，按探明的储量计算，在 45 种主要矿产中，我国有 25 种居世界前三位，其中稀土、石膏、钒、钛、钽、钨、膨润土、石墨、芒硝、重晶石、菱镁矿、锑等 12 种矿产居世界第一位。已探明的矿产资源约占世界总量的 12%，居世界第3位，但人均占有量较少，仅为世界人均占有量的 58%，居世界第 53 位。

四、人类对矿产的研究和利用

从人类文明诞生的那一刻起，人类就开始研究和利用矿产了。历史学家将人类历史划分为旧石器时代、新石器时代、青铜器时代和铁器时代。这些时代都是以当时人们开发、利用的主要矿产种类命名的。在旧石器时代，人类的祖先就开始利用石片、石块等石料制作石器工具来采集食物和抵御毒虫猛兽的袭击了。到了新石器时代，石料的利用更为广泛，制作的工具也更为实用和精致。这一时期，人们开始以黏土、陶土等非金属矿产为原料烧制陶器，并对玉石矿产、铜矿、煤矿加以利用。在青铜器时代和铁器时代，人们逐渐开始对石油、盐矿等新型矿产进行研究，并逐步投入生产。在近代，人们开始利用铁矿等矿产生产钢铁、水泥等建筑材料，并着手有色金属等矿产的研究、开采与利用。

但近代我国对石油、天然气的开发、利用缓慢，中华人民共和国成立前全国仅有石油钻机 15 台，自 1907 年到中华人民共和国成立前共钻油气井 169 口，油气的勘查和开发基础薄弱，而且规模小。中华人民共和国成立后，我国把目光凝聚在石油开发和钢铁冶炼上，经过 60 多年的建设和发展，已经建成包括大庆油田、塔里木油田、鄂尔多斯盆地在内的石油能源基地和后备基地以及包括首钢、鞍钢在内的钢铁工业体系，极大地支撑了中国经济的快速发展。

小知识

李四光推翻中国贫油论

李四光是中国著名的地质学家,他小时候在父亲的私塾读书,14岁告别父母独自一人到武昌报考高等小学堂。从此,他走上了勤奋好学之路。1917年,李四光从英国伯明翰大学毕业,获得硕士学位。在布克威尔德抛出中国贫油论、美孚在陕北采油失败以及西方地质学家纷纷表示赞同中国贫油论的背景下,李四光查阅了大量资料,经过认真分析和严谨推理,从理论上推翻了美国专家的唯海相地层生油论,得出了新华夏构造体系沉降带有可能存在经济价值高的沉积物(石油)的结论。后来,按照李四光的理论,我国发现了大庆油田,并相继发现了胜利、大港和江汉等油田,中国贫油论成为历史!

五、争做未来的科学家

近半个多世纪以来,由于生产力的高速发展以及人口数量的急剧增加,人类对环境的影响不断扩大,由此所产生的各种环境问题也应运而生。全球环境问题主要包括全球气候变化、臭氧层破坏和损耗、生物多样性减少、土地荒漠化、森林植被破坏、水资源危机、海洋环境破坏、酸雨污染、雾霾等。

如何解决这些问题呢?作为未来的主宰者,首先,在日常生活中,我们要节约用水,保护植物,不乱扔垃圾,争做地球的保护者,提高各种矿产的利用率,减少废料的产生;其次,我们要培养自己对矿产研究的兴趣,争做未来的科学家。未来的矿产研究等着你哟!

宝石篇

　　宝石是众多矿物、岩石中的精华,不论是璀璨夺目、光彩照人的钻石,美轮美奂、流光溢彩的碧玺,玲珑剔透、青翠欲滴的翡翠,还是洁白无瑕、润泽透明的和田玉,都美不胜收!

　　宝石的分类方法很多,可以按照矿物学的分类方法分为族、种和亚种,可以按照价值高低分为高档宝石和中低档宝石,也可以根据宝石的稀缺程度分为常见宝石和稀少宝石,还可以根据宝石是否天然形成分为天然宝石和人工宝石。

　　自然界发现的矿物超过 3 000 种,但可作宝石原料的仅有 230 多种,达到国际市场上中高档宝石标准的只不过 20 多种,可见矿物岩石需要具备某些特定的条件才能成为宝石。

第一章　宝石概况

一、宝石的特点

珠宝玉石泛指一切经过琢磨、雕刻后可以作为首饰或工艺品的材料，是天然珠宝玉石和人工宝石的统称，简称宝石。宝石拥有三大特点，即美丽、稀有和耐久。

1. 美丽

美丽是宝石的首要条件。宝石的美由颜色、透明度、光泽、纯净度等众多因素构成，当这些因素都恰到好处时，宝石才能光彩夺目、美不胜收。

谈及宝石的颜色就足以让人垂涎三尺，同一种宝石的颜色可以多种多样,不同种宝石的颜色也可以非常接近,所以在判断宝石种类的时候不能只看颜色。宝石的颜色成因复杂,但往往跟它所含的致色元素有关。凡是有色宝石,颜色均以艳丽均一为佳。

由于光的折射和反射作用,在宝石学中还产生了一系列特殊的光学效应,使得宝石更为美丽动人。

(1)猫眼效应:弧面型宝石上,从一端到另一端明亮光带随视线变化而变化,像猫眼细长的瞳眸一样。具备此效应的宝石有绿柱石、电气石、金绿宝石和石英等。

(2)星光效应:在有些琢磨成圆形或椭圆形的宝石中可以看到4、6或12道星状光线。具备此效应的宝石品种有红宝石、蓝宝石、尖晶石等。

(3)变色效应:不同的光源照射下,有些宝石会呈现不同的颜色。变石、某些蓝宝石等均有此效应。

(4)晕彩(变彩)效应:光波在同一宝石界面呈现出多种颜色。

(5)月光效应:转动弧面型月光石可以看见一种波形的银白色或淡蓝色浮光,形似柔和的月光。

(6)砂金效应:光从日光石里所含的矿物小片反射出来而呈现的星状光点,宛如水中砂金。

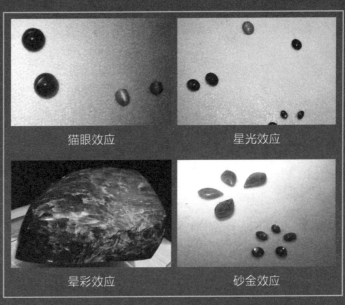

猫眼效应　　　　　　　　星光效应

晕彩效应　　　　　　　　砂金效应

宝石的光学效应

2. 稀有

物以稀为贵,这种稀有性包括品种上的稀有和质量上的稀有,如塔菲石,产自斯里兰卡,有米黄色、淡紫色、淡红色等颜色,据统计,迄今为止能达到宝石级的塔菲石仅有几块,最早发现的一块原石仅 1.419 克拉。

3. 耐久

宝石具有一定的硬度、韧性和稳定的化学性质。硬度越高,耐久性越好,越不容易受到刻画。由于空气中的粉尘杂质含有石英成分,所以低硬度的宝石抛光面受到空气中灰尘的撞击磨蚀容易变"毛",而高硬度的宝石更容易保持外表的光泽亮丽。

一般而言,非常贵重的宝石有一个共同特点,就是高硬度(摩氏硬度在 7 以上)、高耐久性,如钻石硬度高达 10,红、蓝宝石达到 9,祖母绿为 8.5,金绿宝石中的猫眼和变石也达 8。

玉石的硬度普遍低于 7,这与玉石为多种矿物集合的结构有关,与单晶体矿物为主的宝石有很大区别。玉石的摩氏硬度达到 6~7 的已经属于较高硬度,如和田玉、翡翠、玛瑙。我国常见玉石的硬度为 4~6,高于铜的硬度而低于玻璃的硬度属于软玉,通常所说的硬玉指的就是翡翠,其硬度为 6.5~7。

二、宝石的成因

宝石是地质作用的产物,有的与岩浆活动和火山喷发有关,如钻石、红宝石、蓝宝石等;有的是在近地表由于太阳、水、风、空气和有机体作用形成的,如欧珀、绿松石、翡翠;还有的是已经形成的岩石或者矿床在地壳应力作用下通过变质作用形成的。

第二章　天然宝石

天然宝石是指自然产出,具有美丽、稀少、耐久等特点,可加工成装饰品的矿物单晶体或双晶。

小知识

高、中低档宝石

☆高档宝石

国际珠宝界公认的高档宝石品种有钻石、祖母绿、红宝石、蓝宝石、金绿宝石(变石、猫眼)和珍珠。前五种是宝石界的"五皇",珍珠为宝石界的"一后"。

☆中低档宝石

中低档宝石是指那些虽具有美丽、稀有和耐久等特点,但与高档宝石相比价值较低的宝石,这类宝石品种较多,如电气石、绿柱石、石榴子石、尖晶石、水晶等。

一、高档宝石

1. 钻石

"钻石恒久远,一颗永流传"。钻石具有亮晶晶的金刚光泽以及无数个小面闪耀出的如彩虹般丰富的火彩,拥有宝石界最大的硬度,表面没有任何磨蚀痕迹,被誉为"宝石之王"。

世界上首枚钻石产于大约 3 000 年前的古印度,从公元前 4 世纪到 18 世纪初,印度一共生产了约 300 万克拉原钻。可是早期的钻石仅仅被用来给兵器抛光,并不作为首饰。

钻石

在 13 世纪的欧洲，钻石是皇室贵族的专利品，第一位打破这种传统的女子从国王那里获赠一颗钻石，并在公共场合佩戴，钻石从此进入民间。15 世纪葡萄牙航海家达·伽马开辟了从欧洲通向亚洲的海上贸易之路，来自印度的钻石得以在欧洲大陆大量销售。后来一位喜好收集钻石的公爵送给他出嫁的女儿一枚钻戒，这便是史上第一枚订婚戒指，其后钻石便成为爱情永恒的象征，从欧洲风靡到美国。当世界名钻在纽约展出时，成千上万的观众在雨中排队，等候参观。我国最早关于

钻石的记载见于西晋时的《列子·汤问》，里面提到的辊铬之剑上就镶有钻石。

随着寻找钻石的方法的增多和开采成本的降低，钻石的利用越来越普遍。目前，钻石已成为世界流通的高档消费品和收藏品。

可是，怎么来评价钻石的质量呢？有没有统一的标准呢？

宝石界广泛使用 4C 标准来评价钻石的质量。4C 是钻石的克拉重量（Carat weight）、净度（Clarity）、色泽（Colour）、切工（Cut）英文单词的首字母的缩写。挑选一颗钻戒，首先考虑切工，在大小确定的情况下，切工的优异程度直接影响钻石的火彩，所以常说"切工是钻石的第二生命"。其次考虑颜色，4C 标准中的颜色讨论的是白钻的白色等级，彩钻不在讨论范围内。再次考虑净度，天然钻石内部难免含有各种杂物或存在瑕疵，这些内含物的颜色、多少、大小、位置分布对钻石净度构成不同程度的影响，但只要净度在肉眼无瑕的情况下就不会影响钻石的美观程度。最影响钻石价格的是重量，这也是全世界公认的标准，即克拉重量，越大越稀有，品质越好越昂贵。

其实，除了钻石，在其他彩色宝石的评价上，4C 理论也是很适用的。

小知识

为什么钻石以"克拉"作为计量单位呢?

古印度生长着一种奇特的树,这种树每颗树籽的质量基本相同,正好是 0.2 克。由于钻石稀世罕见、重量有限,聪明的印度人便使用这种树的树籽"克拉"作为钻石的重量单位,1 克拉等于 0.2克。

小知识

历史上著名的钻石

世界上最大的名钻叫"库利南",于 1905 年在南非发现。原石重 3 106 克拉,三个熟练工每天工作 14 小时,磨制了 8 个月才将其分割、加工成 9 颗大钻和 98 颗小钻。其中,"库利南一号"(也称"非洲之星")重 530.2 克拉,磨出了

库利南 1:1 仿品

74 个面,成水滴形,曾镶在英国国王的权杖上;"库利南二号"重 317.4 克拉,外观方形,磨有 64 个面,现镶在英国国王的王冠上。

蓝色的"希望之钻",重 45.52 克拉,是最著名的彩色钻石。它的历史像迷雾一般,充满奇特和悲惨的经历。过去它所有的主人都遭遇了不幸,最后一位拥有者——美国著名珠宝商温斯顿将它捐献给了美国华盛顿的史密森博物馆才保平安。电影《泰坦尼克号》女主角所佩戴的"海洋之星"就是仿照它做成的。

希望之钻 1:1 仿品

历史上著名的钻石还有许多,如金叶菊、弗洛伦、绿色德勒斯登等,它们的美艳惊倒的不止一代人!

2. 刚玉宝石

红宝石、蓝宝石是色美、透明的宝石级刚玉，基本化学成分为氧化铝，是世界公认的两大珍贵彩色宝石。

因晶莹剔透的美丽颜色，红、蓝宝石被古代人们蒙上了神秘的超自然色彩，被视为吉祥物。早在古埃及、古希腊和古罗马时代，红、蓝宝石就被用来装饰教堂和寺院，并作为宗教仪式的贡品。红、蓝宝石也曾与钻石、珍珠一起成为英帝国国王、俄国沙皇皇冠和礼服上不可缺少的饰物。基督教徒常常把基督教的十诫刻在蓝宝石上，将其作为镇教之宝。中国清朝三品官的顶戴也以蓝宝石为标志。红、蓝宝石分别跻身于世界五大珍贵宝石之列，成为人们珍爱的宝石品种。

缅甸、斯里兰卡、泰国、越南、柬埔寨是世界上优质红、蓝宝石最重要的供应国，其他产出国还有中国、澳大利亚、美国、坦桑尼亚等。

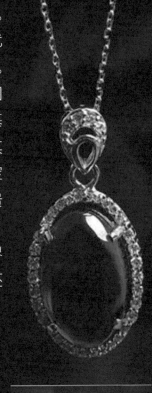

红宝石

3. 祖母绿

祖母绿，为绿宝石之王，属于绿柱石族。祖母绿的颜色柔和明亮，如嫩绿的草坪，十分赏心悦目，是含有致色元素铬的缘故。如果是其他元素，如铁元素形成的浅绿色、浅黄绿色、暗绿色等绿色绿柱石，就不能称为祖母绿了。

祖母绿的主要产地有哥伦比亚、巴西、津巴布韦、坦桑尼亚等地。我国的祖母绿主产地是云南和新疆。

祖母绿

4. 金绿宝石

金绿宝石的矿物成分是铍铝氧化物，颜色通常是浅到中等的黄色、黄绿色、灰绿色、褐色、黄褐色。有猫眼效应的品种叫金绿宝石猫眼，有变色效应的叫变石，同时有两种光学效应的叫变石猫眼。在亚洲，猫眼宝石象征好运。

变石也叫亚历山大石，在日光或者日光灯下呈现以绿色色调为主的颜色，而在白炽灯或烛光下呈现红色色调，因此被誉为"白昼里的祖母绿，黑夜里的红宝石"。

变石猫眼同时具有两种光学效应，更加珍贵。

金绿宝石

二、常见的天然宝石

1. 碧玺

碧玺,又称电气石,成分复杂,颜色种类囊括彩虹般的七彩,被誉为"落入人间的彩虹",颜色越浓艳价值越高。碧玺还具有多色性,即同一块碧玺可呈多种颜色。有的碧玺同时含有红色和绿色,形成内红外绿的色环,人们形象地称其为"西瓜碧玺"。近年来碧玺中的新贵"帕拉伊巴"碧玺以其梦幻蓝色(致色元素为铜)受到追捧。

碧玺在受热或者太阳光的照射下,表面可带有电荷,会吸附空气中带有异性电荷的灰尘,所以表面常会吸附比其他宝石更多的灰尘。

世界上最好的碧玺产自巴西和非洲,我国宝石级的碧玺主要产自新疆和云南。

碧玺

2．水晶

水晶，如水的精灵，透明晶莹，象征纯洁的爱情。它是最常见的宝石之一，属于石英族，成分是二氧化硅。水晶的单晶呈柱状，当很多这样的柱状单晶集合在一起的时候，往往呈簇状，像一朵朵锐利冷艳的鲜花一样；或者呈晶洞，像一个聚宝盆或立着的仙女。

水晶纯净时无色透明，含有不同微量元素时则产生不同的颜色，如黑色、紫色、黄色、粉色等，从而形成烟晶、紫晶、黄晶和芙蓉石等有色水晶。

紫晶（洞）　　　　黄晶（洞）

无色水晶　　烟晶　　绿水晶

各种颜色的水晶

水晶内部的世界非常有趣。有的水晶可能具有星光效应或者猫眼效应；有的水晶里面可能包体十分丰富，形成斑斓的色彩，似一幅天然图画；有的包体在水晶内部的排列如针状的发丝一般，这种水晶叫发晶。有两种水晶内部因分别含有绿色和红色的包体而收获了特别的商业名称——"绿幽灵"和"红兔毛"，听起来还有几分神秘。

水晶球和玻璃球的鉴别

把球体放在有字或者有线条的纸上,转动球体观察到字和线有双影的就是水晶,只能观察到单影的是玻璃。另外,天然水晶球散热快,常温下触摸有发凉的感觉,普通玻璃则没有。

3. 橄榄石

橄榄石,有一抹柔和的草绿色,被誉为"黄昏祖母绿",象征夫妻幸福。在美国夏威夷,人们称橄榄石为"火神的眼泪",也许是因为当地橄榄石大多产在火山口周围的火山岩石中,斑斑点点,仿佛是火山喷出的泪滴,包裹在黑色的火山岩中。

橄榄石的成分是含镁铁质的硅酸盐,铁质含量越多,橄榄石的密度越大,颜色越深。橄榄石的颜色越纯正,黄色调越少,越接近深绿,价值越高。大颗粒的橄榄石并不多见,超过 10 克拉则属罕见。

橄榄石

橄榄石主要产自缅甸、美国和中国。我国河北张家口地区万全县一带的橄榄石矿床规模大,出产的宝石质量好。

4. 尖晶石

尖晶石是一种镁铝氧化物,可含有微量元素以替代部分镁或铝,形成不同的颜色,以红色尖晶石为最佳。

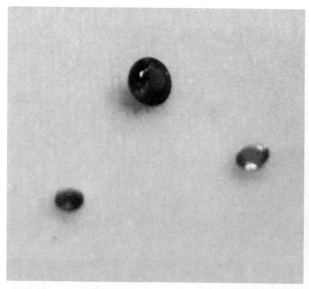

尖晶石

在古代,尖晶石一直被误认为是红宝石,而史上最著名的误解是1660年被镶在英国国王王冠上重约170克拉的"黑王子红宝石"和重达361克拉的"铁木尔红宝石",直到近代人们才鉴定出它们都是红色尖晶石。在我国,清代一品官员帽子上用的"红宝石"顶子,几乎全是用红色尖晶石制成的。

5. 海蓝宝石

海蓝宝石是指浅蓝色到蓝绿色的绿柱石。传说中这种美丽的宝石产自海里,是海的精华,所以航海家用它来保佑航海安全。透明度好、颜色纯正的海蓝色的海蓝宝石,价格昂贵。

海蓝宝石

6. 石榴子石

石榴子石，因晶体形状和颜色与石榴籽相似而得名，其颜色、种类足以覆盖整个可见光谱，品种众多。

石榴子石

三、稀有宝石

稀少宝石产量低，不足以在市场上广为流通，通常在宝石实验室、陈列室或收藏家手中才能看到，其价值要视具体情况而定。

1. 葡萄石

葡萄石为硅酸盐矿物，具有通透细致的质地、优雅清淡的嫩绿色、含水欲滴的透明度，神似顶级冰种翡翠的外观，通常出现在火成岩的空洞中，有时也出现在钟乳石上，被人们称为"好望角祖母绿"。

葡萄石

葡萄石

2. 塔菲石

塔菲石，又称铍镁晶石，是一种极罕见的宝石。据说，世界上最大的塔菲石只有10克拉重，除斯里兰卡，只在坦桑尼亚和马达加斯加发现有宝石级的塔菲石。有记载的美国私人收藏的一颗塔菲石重5.34克拉，英国伦敦地质博物馆收藏的重0.86克拉，而河北地质大学地球科学博物馆珍藏的这颗为1.32克拉，极为珍贵。

塔菲石

3. 鱼眼石

鱼眼石

鱼眼石是含钾、钙的氟化物硅酸盐矿物。常见的鱼眼石是具有玻璃光泽的白色至灰色晶体。过去只有印度出产鱼眼石，但具有商业价值的不多，达到宝石级的更少，因此在印度鱼眼石产地，许多矿物收藏者对鱼眼石也是只闻其名，未见其形。在我国鱼眼石可算得上珍稀矿物。

4. 异极矿

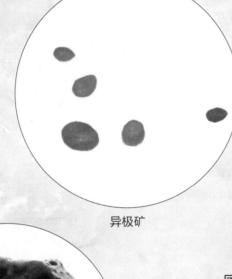

异极矿

异极矿，一种白色硅酸盐矿物，是重要的锌矿石。呈蓝色是由于其内含铜的缘故。唯有蓝色含铜的异极矿才是中国特有的宝石矿（又称中国蓝），稀有珍贵，具有重要的收藏和鉴赏价值。异极矿最早是在罗马尼亚发现的，主要产地有我国的云南、新疆，英国，墨西哥，美国等地。

异极矿

第三章　天然玉石

天然玉石是指由自然产出的具有美丽、稀有、耐久和工艺价值的矿物集合体，少数为非晶质体。按照玉石材料的价值、硬度、工艺特点，可将玉石分为高档玉石、中低档玉石和雕刻石等几大类。

一、高档玉石

高档玉石的摩氏硬度为 6~7，目前国际上公认的高档玉石品种仅有翡翠（硬玉）和软玉。翡翠和软玉以其适中的硬度和韧度、美丽的色泽成为玉石之冠。

1. 翡翠

翡翠中主要矿物硬玉的化学成分为钠铝硅酸盐，摩氏硬度为 6.5~7。法国矿物学家德穆尔根据和田玉与翡翠硬度的不同进行了区分：称和田玉为软玉，矿物成分属于闪石类；翡翠为硬玉，在矿物学上属于辉石类。

翡翠

小知识

玉中之王——翡翠

中国最早的字典《说文解字》中，"翡，赤羽雀也；翠，青羽雀也"，指的是一种鸟类。"翡"单用时指各种深浅的红色、黄色翡翠，"翠"单用时指各种深浅的绿色翡翠，高品质的绿色翡翠一般称为"高翠"。后来人们就用"翡翠"一词来表述色彩艳丽的玉石。

虽然在我国使用软玉已有 7 000 年历史，但翡翠是继软玉之后成为人们的新宠的。翡翠自明末清初大量传入中国后便一统玉器天下，并随中华文化的传播影响到海外。几百年来，文人骚客的溢美之词给吸纳天地精华的美玉增添了许多灵性。从乾隆皇帝到慈禧太后，各朝统治者都喜爱翡翠。中国人历来对绿色情有独钟，赋予其深刻含义，如蕴涵生命、象征和平等。玉中之王——翡翠，作为玉文化的代表，以无可比拟的绿意把这种绿色情结渗入到每个中国人的灵魂深处。

2. 和田玉（软玉）

软玉主要由角闪石族中的透闪石、阳起石类质同象系列的矿物组成。软玉的矿物颗粒细小，结构致密均匀，所以质地细腻、润泽且具有高的韧性。软玉的摩氏硬度为 6.0~6.5。评价软玉一般从以下几个方面入手：首先质地要致密、细腻、坚韧、光洁，瑕疵越少越好；其次颜色要柔和、纯正、均匀。

若按颜色分，软玉可分为白玉、碧玉、青玉、青白玉、墨玉、黄玉等。古人对玉色的要求有这样相当生动的描述："白如截脂""黄如蒸栗""青如苔藓""绿如翠羽""黑如纯漆"。

白玉中品质最好的称为羊脂玉，质地纯洁细腻，含透闪石达99%，颜色呈羊脂色，柔和均匀。青玉是和田玉中产量最大的，但价值不如白玉，其特点是块度大、质地细腻、油性好、韧性非常好，因此被广泛用于制作玉山子和器皿。世界上最大的玉雕之一——故宫珍宝馆内的《大禹治水图》玉山子的材料就是青玉。

和田玉

软玉原生矿床分布于中国、俄罗斯、加拿大、澳大利亚、新西兰等20多个国家。我国的软玉矿床分布在新疆的昆仑山、阿尔金山地区、玛纳斯河以及青海。

小知识

和田玉

狭义上的玉一般指新疆和田玉。和田玉诞生在"万山之祖"昆仑山中，孕育了几亿年，随着时间更替破山而出，裸露在天地冰雪之中，经历风雨洗礼再义无反顾地奔向河流与山涧，成为上天对人类最美好的馈赠。2003年和田玉被定为"中国国玉"。

从7 000年前的新石器时代开始，和田玉制品就作为日常用品、饰品、祭器、礼器甚至葬器，成为人们生活中不可缺少的部分。早在公元前17世纪到公元前11世纪的商代，和田玉已经从遥远的西域来到中原。

和田玉由于晶莹美丽、温润光洁的特质被人们赋予表里如一、高贵的品格，上至历代帝王将相，下至文人雅士，都将它视为圣洁之物。作为权力和吉祥的象征，和田玉拥有中华文明最为深奥的玉文化。古人说："玉不琢不成器。"人接受雕琢，忍受痛苦，则成美玉；拒绝改变，忍受平庸，则成顽石。

二、中低档玉石

中低档玉石的摩氏硬度通常为 4~6。与翡翠和软玉相比,这类玉石品种繁多,既有"中国四大名玉"之中的绿松石、岫岩玉、独山玉(和田玉被誉为"中国四大名玉之首"),还有玛瑙、玉髓、东陵石等多种硅质玉石以及青田石、寿山石、鸡血石等常见印章石。少部分高质量者可加工成高档首饰,大部分则加工成挂件或摆件。

1. 玛瑙

玛瑙是一种古老的玉石,自古象征美丽、吉祥。我国古书有关玛瑙的记载很多,汉代以前的史书将玛瑙称为"琼玉"或"赤玉",《广雅》中有"玛瑙石次玉"和"玉赤首琼"之说。

玛瑙的成分是二氧化硅,具有各种颜色的环带条纹,硬度为 7~7.5,色彩具有层次性,有的半透明,有的不透明。"玛瑙"一词源于佛经,是"佛教七宝"之一,常作饰物或玩赏用,古代陪葬物中常可见到成串的玛瑙球。玛瑙的质地像水晶,细腻而没有杂质,有玻璃光泽,有波纹、同心、斑驳、层状花纹等。由于颜色多样、花纹奇特,玛瑙被人们分出众多不同的品种,在《本草纲目》中就曾提到柏枝玛瑙、夹胎玛瑙、截子玛瑙、合子玛瑙、锦红玛瑙、缠丝玛瑙等,我国南京产出的雨花石就属于一种风景玛瑙。

玛瑙

水胆玛瑙

小知识

水胆玛瑙

　　如果在封闭的玛瑙洞中包裹有天然液体（一般是水），则称为水胆玛瑙。水是玛瑙形成时包裹进来的，摇晃整个玛瑙能听见响声。中国最大的一件水胆玛瑙艺术品——《大观园》，重7 350克，胆内体积1 100多立方厘米，藏水850克。

玛瑙

2. 东陵石

东陵石是一种具有砂金效应的硅质玉石,常因含有其他颜色的矿物而呈现不同的颜色,如蓝色、绿色和紫色。国内市场上最常见的是绿色东陵石。东陵石的石英颗粒相对较粗,其内所含的片状矿物相对较大,在阳光下片状矿物可呈现一种闪闪发光的砂金效应。和玉髓相比,东陵石为细粒结构,颗粒粗大、质地相对较粗糙,而玉髓为隐晶质结构,制品光亮、质地细腻。

东陵石

3. 绿松石

绿松石又叫松石，因其"形似松球、色近松绿"而得名。在国外，绿松石被称为"土耳其玉"。其实，土耳其这个国家并不出产绿松石，而是由于古代由波斯出产的绿松石经土耳其输入欧洲的缘故。

绿松石

绿松石是古老的玉石之一，也是"中国四大名玉"之一，其特有的天蓝、淡蓝和蓝绿色等色调受到消费者的喜爱。绿松石作为佩戴和使用的饰品，已有 5 000 多年的历史。在中国清代以前，绿松石被称为"甸子"。我国历史上著名的和氏璧，据考证很可能是由绿松石所制。这件与"价值连城""完璧归赵"等成语故事直接相关且被秦始皇制成传国玉玺的宝物倘若真是绿松石，足见古人对绿松石的珍视程度。人民大会堂湖北厅里的《李时珍采药》雕像，即由绿松石雕制而成。在美国等西方国家，人们把绿松石当作避邪圣物和幸福的象征。

世界上出产绿松石的国家主要有伊朗、美国、埃及、俄罗斯、中国等。我国的绿松石主要集中于鄂、豫、陕交界处。

4. 岫岩玉

岫岩玉,俗称岫玉,因产自辽东的岫岩县而得名。岫玉以其丰富的产量和低廉的价格占中国玉器生产量的大部分。

岫玉是中国古老的传统玉种,在自然界分布广泛,是一种以蛇纹石为主的玉。在有1万多年历史的辽宁海城小孤山文化遗址中,有岫玉制成的砍凿器;河北满城西汉早期中山靖王刘胜墓出土的"金缕玉衣"的玉片,也有一部分是用岫岩玉制作的。

岫玉(雕件)

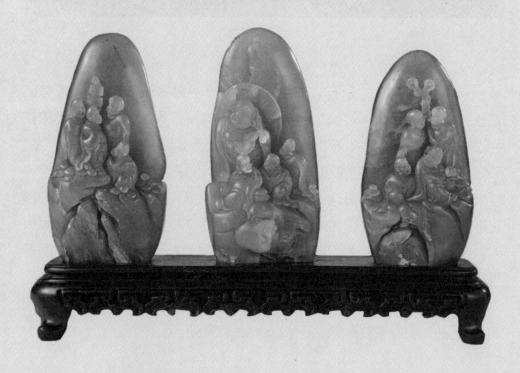

5. 独山玉

独山玉,又称南阳玉、河南玉或独玉,是"中国四大名玉"之一,因产于河南省南阳市的独山而得名。独山玉色彩丰富、分布不均、浓淡相间,同一块玉石常因不同的矿物组合而呈现多种颜色并存的现象,这是独山玉的主要特色。翠绿色的独山玉粗看像翡翠,但仔细观察会发现,绿独山玉具有粒状结构,翡翠和软玉呈纤维交织结构。

独山玉(雕件)

6. 青金石

青金石是通过"丝绸之路"从阿富汗传入中国的。自明清以来，青金石"色相如天"（天为上），因此明清帝王非常重视青金石。据记载，"皇帝朝珠杂饰为：天坛用青金石，地坛用琥珀，日坛用珊瑚，月坛用绿松石；皇帝朝带其饰：天坛用青金石，地坛用黄玉，日坛用珊瑚，月坛用白玉"。清代四品官员的朝服顶戴为青金石。

青金石

青金石的硬度为 5~6，颜色有深蓝色、紫蓝色、天蓝色、绿蓝色等，可用于制作蓝色颜料。青金石包含的蓝色矿物是青金石和方钠石，白色矿物是方解石，金色矿物是黄铁矿。青金石和方钠石的外观极为相似，但是方钠石少有"金星"黄铁矿分布。在选择上以色泽均匀无裂纹、质地细腻无金星为佳，无白洒金（洒金指金星均匀分布）次之。如果黄铁矿含量较低，在表面不出现金星也不影响其质量。

7. 孔雀石

孔雀石,中国古代称为"绿青""石绿"或"铜绿",因颜色酷似孔雀羽毛而得名。孔雀石是含铜的碳酸盐矿物,具有典型的孔雀绿色、美丽的花纹和条带(即颜色分层或呈弯曲的同心条带)等特征。孔雀石曾被用作炼铜原料、绘画颜料和中药。质地致密细腻、颜色鲜艳、纹带清晰、块度较大的孔雀石可制作成各种首饰和雕件。

8. 阿富汗玉

阿富汗玉属于大理石中质地细腻、透明度较高的一种,成分是碳酸钙,白色品种经常用来仿白玉。

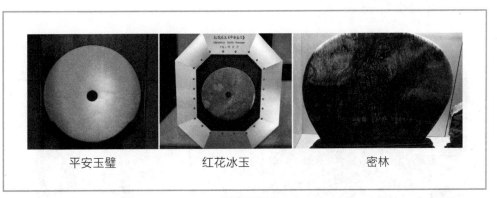

| 平安玉璧 | 红花冰玉 | 密林 |

阿富汗玉

9. 鸡血石

鸡血石主要由地开石和辰砂两种矿物组成,因其中的辰砂鲜红宛如鸡血而得名。鸡血石的颜色包括"地"的颜色和"血"的颜色两部分。"地"的颜色复杂,"血"常呈鲜红、朱红、暗红和淡红色。鸡血石以颜色深沉或淡雅、半透明、强蜡状光泽和硬度小的冻地为佳,或以色匀、透明度高、硬度低和质细为佳,讲究"血量"不仅要多,而且要分布集中。一般一块石头含 70% 的"血量"即被认为是上品,70%~80% 的被誉为"大红袍",80% 以上者为极品。连续片状分布的"血"就比较贵,线状"血"次之,散点"血"更次。

鸡血石

清代皇帝康熙、乾隆都曾拿它作为印玺,慈禧太后更是对其钟爱有加。1972 年中日建交,周恩来总理精心挑选了一对"大红袍"鸡血石赠送给前来访问的日本首相田中角荣。

10. 寿山石

寿山石是中国传统"四大印章石"之一,因产于福州北郊的寿山而得名。寿山石的主要矿物为地开石(高岭石族矿物),质地晶莹,凝脂如玉,色彩斑斓。寿山石的颜色多种多样,有白色、乳白色、灰白色、红色、粉色、天蓝色和五颜六色。其中,红如鸡血、粉如桃花的,让很多印石收藏者爱不释手。

寿山石

寿山石的开采至少有 1 500 年的历史。南宋时,寿山石矿已大规模开采,经元、明、清发展,形成了独立的寿山石雕刻生产行业。用寿山石制作的印玺在古代是权力的象征,明清时期的皇帝、皇后对寿山石情有独钟,常使用寿山石制作印玺,其中田黄自古就有"石中之王"的美誉,寓有"福寿田丰"之意,为石中极品。

侧栏故事

寿山石的传说

相传女娲补天剩余一些彩石,途经寿山、芙蓉、九峰三山,见这里的山苍郁滴翠、水潋滟清澈,激动之余,遂将补天余石尽撒在这山山水水之间,于是便有了闻名遐迩的寿山石。

有关寿山石的由来,还有另外一个美丽的传说。说的是远古之初,天帝掌管人间,派遣凤凰女神巡行世间,至寿山一带时,凤凰女神为寿山的美景所打动,流连忘返,回归天庭之际,便将彩凤之卵留在了这青山绿水之间。这彩凤之卵,历经千万年,就变成了今天五彩缤纷的寿山石。

11. 青田石

青田石,是中国传统的"四大印章石"之一,属叶蜡石类,出产于浙江省北部青田县。青田石呈蜡状,带有油脂、玻璃光泽,微透明或半透明,质地坚实细密,温润凝腻,色彩丰富,花纹奇特,易于篆刻,有黄、白、青、绿、灰等颜色,以石质细腻、透明为上品,即所谓"冻"。

青田石

早在六朝时,青田石就已被发掘出来;宋代时已较多地开采利用,多用于制作文房雅具、文人所用的图章和小件玩耍之物;明代时,随着石质印材逐步代替金、玉、铜、牙等以及晚明文彭的青睐有加,一时间作为上品印石的青田石声名大噪;到了近代,青田石开始步入综合利用阶段,不仅用于工艺制作,还用于工业,并以实用为主。

青田石与寿山石的简单区别:青田石的主要矿物为叶蜡石,以叶蜡石为主的青田石约占青田石品种总数的 70% 以上,而寿山石的主要矿物为地开石;青田石的透明度普遍低于寿山石;青田石以青色为主色调,而寿山石红、黄、白数种颜色并存。

小知识

砚石

砚是中国传统的"文房四宝"之一。石砚是由砚石雕制而成的研墨工具,砚石则是能用于制砚的矿物集合体——岩石。然而,并非任何岩石都能做砚石,只有质地致密滋润、细中有锋、硬度适中、单层厚度较大的沉积岩和变质岩才能

易水砚

用作砚石。好砚须好石,加上精雕细琢,便成为具有收藏价值的艺术品。

广东肇庆的端砚、安徽歙县的歙砚、甘肃南部的洮砚和河南洛阳的澄泥砚被称为"中国四大名砚"。

第四章　有机宝石

　　有机宝石是指成因和植物、动物有关的含有有机质的宝石，常见的有珍珠、琥珀、珊瑚、象牙、玳瑁等。它们同样具有宝石的三个特点，即美丽、稀有和耐久。

　　有机宝石的用途广泛，除了制作首饰外，有的还有很高的药用价值，是名贵药材。"佛教七宝"中的珊瑚、琥珀、珍珠和砗磲的材质就是有机宝石，所以它们也会被用来制作佛龛装饰或佛珠。

　　有机宝石的摩氏硬度不高，一般为 2.5～4，且易受酸（包括食醋、酸性饮料、汗液等）、有机溶剂（包括酒精、乙醚、丙酮和指甲油之类的化妆品）和挥发性气体（比如樟脑丸挥发出来的气味）的侵蚀，所以有机宝石很娇贵，要注意防尘防酸，不能靠近有机药品，也应避免和化妆品接触，更要防干燥和暴晒，不然有机宝石会因失水变色而失去光泽。在博物馆里经常会看到有机宝石的展柜里放有一杯水，为的就是保持湿度。

一、珍珠

　　珍珠是人们最为熟知的有机宝石，具有柔和的光泽、浑圆的外形、多彩的颜色，美丽优雅，被誉为"宝石皇后"，倍受女士青睐。珍珠采自贝或者蚌，这些母体有的是在大海或淡水里天然形成的，有的是人工养殖的。珍珠的形成过程是：当外来沙粒进入有珍珠层的贝、蚌等软体动物的外套膜后，外套膜便分泌出珍珠质黏液，将它们一层一层地包裹起来，这样经过一段时间的生长便形成了珍珠。

　　珍珠由 2.5%～7% 的有机质、91%～97% 的无机质和 0.5%～2% 的水组成，珍珠层越厚，光泽越强。珍珠的个头从小于 5 毫米到大于

10 毫米不等, 颜色多样, 有白色、奶黄、红色、黑色、有色珍珠五大系列。珍珠的形状有正圆形(叫作"走盘珠"), 也有规则对称的水滴形、蛋形和不规则的各种形状。珍珠的光泽越亮, 形状越圆或越对称, 个头越大, 表面越光滑细腻, 质量越高越值钱。

南洋深海珍珠

中国是最早采捕和利用珍珠的国家, 原始社会的先民们就发现了珍珠。《诗经》和《尚书》中都有珍珠的记载, 到了宋代已经有了养殖珍珠的记录, 明代是中国采珠业的鼎盛时期。目前, 中国淡水珠产量占世界产量的 95% 以上。

珍珠项链

欧洲的珍珠养殖技术比我国晚五六百年。近代, 日本在珍珠养殖上处于领先地位。

二、琥珀

琥珀是有生命的"活化石", 是数千万年前的树脂埋藏在地下经过化学变化而形成的一种树脂化石。琥珀透明晶莹如水晶, 色泽迷人如玛瑙。

琥珀质地很轻, 也很娇气, 它怕火烧, 怕暴晒, 也怕敲击。有的琥珀还带有香气, 颜色主要有淡黄色、褐色、红褐色等。

琥珀

蜜蜡是人们对不完全透明的琥珀的专称, 象征幸运和财富。历史上蜜蜡常常被皇帝们使用, 同时也是宗教的加持圣物。

三、象牙

象牙是一种珍贵的奶白色或淡黄色的有机宝石，温润柔和，常常指雄性非洲象、亚洲象或猛犸象的獠牙。在古代，象牙是一种贵重的材料，用来制作牙雕、假牙、扇子、骰子等；到了近代，象牙被制成多种多样的装饰品或用具。塑料出现以后，象牙以其稀有性，用途更多地转向了奢侈品界和收藏界。

象牙雕件

象牙产自亚洲和非洲。随着人们保护野生动物意识的提高，大象被列为禁猎动物，象牙贸易也被禁止了。象牙被禁止流通以后，几千年前灭绝的猛犸象留下的长牙就成了替代品。

四、珊瑚

珊瑚是海的精灵，形状像树枝，颜色鲜艳美丽，大多生长于100~200米的静海中。珊瑚虫捕食浮

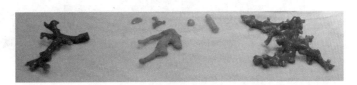

珊瑚

游生物，生长过程中能吸收海水中的钙和二氧化碳，分泌的石灰石变为生存的外壳，死后变成珊瑚石。珊瑚吸附海水中的各种元素，如果吸附的元素以铁为主，就显示为红色；如果以镁为主兼有少量铁质，就显示粉红色或粉白色；不带铁质的则为白色。

珊瑚自古就被视为富贵祥瑞之物。对珊瑚的利用最早可以追溯到古希腊和古罗马时代，当时珊瑚主要被用来制作珍贵的工艺品。印度和西藏的佛教徒视红色珊瑚为如来佛化身，多用它制作佛珠，用于护身和祈祷。

天然的红珊瑚生长非常缓慢，属于不可再生资源，所以极为珍稀，具有极高的收藏价值，但红珊瑚是国家一级保护动物，禁止非法开采。

五、玳瑁

玳瑁是国家二级重点保护野生动物，属于海龟科。这里说的宝石玳瑁是指玳瑁身上的背甲。同样因为保护珍稀动物的原因，玳瑁被禁止贸易。

玳瑁呈微透明，在黄色的底色上能看到漂亮的褐色斑点，除了可以用来制作手镯、发簪等首饰外，也可用于制作眼镜框、乐器小零件、精密仪器的梳齿、刮痧板以及工艺品。根据《史记》中的记载，战国时期玳瑁饰品已经是很普遍的男子饰品，汉代著名诗篇《孔雀东南飞》里描述的女主人公的装扮为"足下蹑丝履，头上玳瑁光"。

玳瑁雕件

六、砗磲

你能想象世界上最大的双壳类贝壳有多大吗？最大的壳长达 1.8 米，重量有 500 千克，一扇贝壳可以拿来给婴儿当洗澡盆。这就是砗磲的贝壳。

砗磲外壳表面有一道道放射状沟槽，状如古时候的车辙，故名车渠，又因其坚硬如石，所以就有了"砗磲"这个名字。砗磲颜色白皙，是稀有的有机宝石，也是佛教圣物，象征平安祥和，曾被用来制作朝珠和佛珠。但从海底捞起的活体砗磲不能直接制作工艺品，现在我们所说的珠宝砗磲是已经死亡成百上千年石化了的砗磲贝，如果期间产生了变质作用还会形成质地更加细腻透明的玉化砗磲。

砗磲主要分布于印度洋和西太平洋，我国的台湾、海南、西沙群岛和南海岛屿均有分布。

砗磲

第五章　人工宝石与宝石的优化处理

天然宝石属于不可再生的珍贵资源。优质天然宝石本来就少，随着需求增加，人们开始探索宝石的合成技术与优化处理工艺。

一、人工宝石

人工宝石指完全或部分由人工生产或制造，用作首饰和装饰品的材料，包括合成宝石、人造宝石、拼合宝石和再造宝石。

1. 合成宝石

合成宝石，是模仿天然宝石产生的自然界环境，在实验室里创造相同的生成环境，从而生产出物理性质、化学成分和晶体结构与所对应的天然宝石基本相同的宝石。

同一宝石品种常规检测是无法区分合成的还是天然的。但是，合成宝石的环境相对自然产出的环境简单很多，所以合成宝石的微量元素种类常常比天然宝石单一，人为添加的致色元素含量较多，就会使颜色更为艳丽完美。

常见的合成宝石品种有"五皇"、尖晶石、水晶、绿松石等，市场上最为常见的是合成立方氧化锆，这种合成宝石有个绰号——"水钻"，因为它高色散、火彩好，所以常用来仿钻石，一般人无法区分。通常可以在宝石表面用油性水笔画一条线，若线是连续的则为钻石，若不连续则为非钻石。合成立方氧化锆不等同于锆石，后者是一种天然宝石。

合成宝石的方法也非常多，依据原理不同，生产工艺也不同，所生产出的宝石也各有特点，这成为与天然宝石区分的重要依据。

合成立方氧化锆

2. 人造宝石

人造宝石,指由人工制造且自然界无已知对应物的晶质或非晶质体,如人造钛酸锶。

3. 拼合宝石

拼合宝石,指由两块或两块以上材料经人工拼合成的整体。例如,拼合欧珀是用黏合剂把一层薄的天然欧珀和玉髓片或者劣质欧珀片黏在一起,有时还在顶部加上石英或玻璃顶帽以增加稳固性。其鉴别方法是:在强光下用放大镜检查黏合面,如果发现黏合面有气泡,颜色和光泽与天然欧珀不一样,就是拼合欧珀。

4. 再造宝石

再造宝石,指通过人工手段将天然珠宝石的碎块或碎屑熔接或压结成具有整体外观的宝石,常见的有再造琥珀等。熔炼水晶就是再造水晶,它和人工制品玻璃球没什么两样。

熔炼水晶

二、宝石的优化处理

除切磨、抛光外,用于改善珠宝玉石的外观、耐久性或可用性的所有方法统称为宝石的优化处理。其实,宝石的优化处理就是人为改善宝石的颜色、净度、亮度、光学效果、耐久性和重量等。绝大部分品种的天然珠宝玉石都有各自优化处理的方法,常用的有以下几种:

（1）改变颜色,如把一种乳白色刚玉经热处理后变为颜色漂亮的蓝宝石。

（2）改善净度,如使用激光打孔把钻石内部影响净度的有色包体进行溶解清除。

（3）增加特殊光学效应,如经表面扩散处理使红宝石产生星光效应。

（4）增强耐久性,如对裂隙多的祖母绿进行人造树脂充填。

第六章　中国的玉文化

　　玉是古老、历久不衰的艺术瑰宝，从戴着高贵、圣洁、无所不能的神秘面纱，到走出神权、王权的殿堂回到普通的世俗世界，还原为芸芸众生共鉴共赏的美丽石头，是历史的积淀、思想和技术的进步以及社会综合发展的必然结果。

　　玉文化作为中华文明的重要载体，是社会发展过程中哲学、美学、神学以及社会政治、伦理观念的综合体现，包含着极其深刻的精神理念和文化底蕴，是中国传统礼制和儒家思想的最高表现形式。

一、玉观点的起源

　　许慎《说文解字》中有云："玉，石之美，有五德：润泽以温，仁之方也；鰓理自外，可以知中，义之方也；其声舒扬，专以远闻，智之方也；不挠而折，勇之方也；锐廉而不忮，洁之方也。"这些观念逐步为社会所接受。自古有言"黄金有价玉无价"，美而不朽是玉的特色，以玉为基础形成的精神包括"宁为玉碎"的爱国主义民族气节、"化干戈为玉帛"的团结友爱风尚、"润泽以温"的无私奉献精神、"瑕不掩瑜"的清正廉洁气魄、"锐廉不挠"的开拓进取精神。古人以玉为代表，创立了物质、社会、

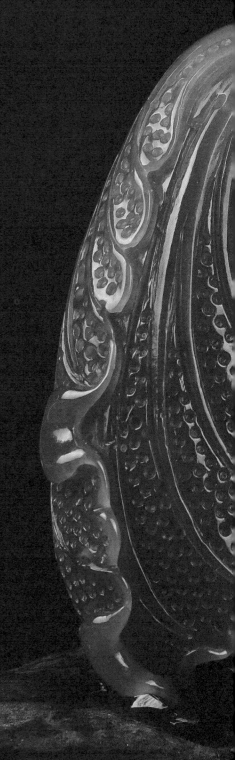

精神三合一的玉意识，这个玉意识是玉文化的民族精神的体现，是中华民族的伟大思想建树。

二、玉器发展史

《周礼》记载："以玉作六瑞，以等邦国""以玉作六器，以礼天地四方"，说的就是用自然玉石做成的器物以及玉器的社会功能。

玉器是从玉工具发展而来的，从新石器时代到明清时代，从形成到成熟，都呈现出独特的风格。

1958 年在南阳黄山仰韶文化遗址中出土的圭形玉铲可以看作是玉器诞生的标志。

殷商时代，玉雕大量制作成礼仪用具和各种佩饰。

西周玉器的特色是出现了琮、璧、璜、圭等礼器。

春秋战国时期，琢玉工具得到改善，雕刻工艺也不断提高，玉器成品常见的有玉璜、玉琮、玉璧、玉镯、玉环、玉剑饰、龙形佩、成对器形玉件等，采用的玉材多为青玉和黄玉，亦有采用独山玉的，白玉少见。

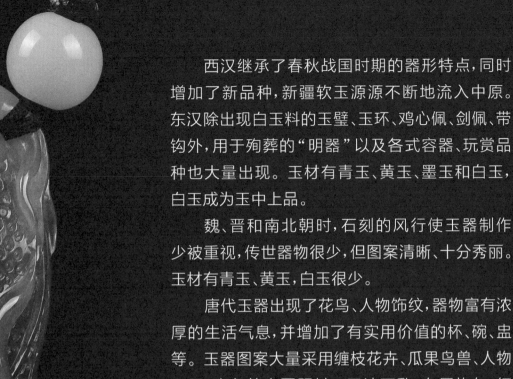

西汉继承了春秋战国时期的器形特点,同时增加了新品种,新疆软玉源源不断地流入中原。东汉除出现白玉料的玉璧、玉环、鸡心佩、剑佩、带钩外,用于殉葬的"明器"以及各式容器、玩赏品种也大量出现。玉材有青玉、黄玉、墨玉和白玉,白玉成为玉中上品。

魏、晋和南北朝时,石刻的风行使玉器制作少被重视,传世器物很少,但图案清晰、十分秀丽。玉材有青玉、黄玉,白玉很少。

唐代玉器出现了花鸟、人物饰纹,器物富有浓厚的生活气息,并增加了有实用价值的杯、碗、盅等。玉器图案大量采用缠枝花卉、瓜果鸟兽、人物飞天、虫鱼等主要题材。刀法不乱、布局均匀、细而厚重是唐代玉雕独特的时代风格。

宋代在玉器制作上也反映出民族特色和地方特色。玉器以花、鸟、兽类为主,以龙凤呈祥图案为多。实用品有杯、洗、带板,陈设品主要有兽、鱼。当时盛行作古玉器,仿古器形有青铜器、佩件,如剑饰、带板、佩饰等。玉材主要有白玉、墨玉、青玉,其中较多的是青玉和白玉。

元、明、清是我国玉雕工艺的繁盛时期。元代的雕工既有唐代器物的遗韵，又突破了宋代琢工。雕琢有粗有细，但粗犷的刀法深厚，颇有古风；细致的刀法出奇，兽件上雕刻的毛发，刀法流畅，刻出的云纹上下翻腾、气势磅礴。明代，扬州出现了大型玉器和精巧玉器，又由于新疆玉材的大量入关，玉雕技法不断提高，作坊林立，人才辈出，名作极多，在我国制玉史上出现了空前的繁荣。玉雕刀法出现了"三层透雕法"，镂雕十分精细，艺术性很高，题材也多。清代中期，玉雕工艺达到了新的高峰。乾隆年间北京城为全国制玉中心，出现了"俏色做法""半浮雕""透雕"等各种琢法。清代玉器雕琢得十分可爱，大小器件玲珑精致，形象逼真。玉料选用也相当严格，但只要是符合要求的玉材，无论是白玉、碧玉、墨玉、黄玉等都被采用。故宫博物院珍宝馆珍藏的精品展现了明、清两代的玉雕精华，其中大型玉雕《大禹治水图》特别引人注目。流传于民间的小件玉器，无论山水、花卉、人物、虫鸟、飞禽、走兽，都雕刻得活灵活现。

三、玉石之路的沟通

昆仑山下的先民们把发现的美玉向东西方传送，开拓了一条运输玉石之路，这就是古代玉石之路。在甘肃、陕西、河南等地发现的新石器时代的玉器至商代的和田玉玉器，证明了和田玉的东运。据乌兹别克史记载，在公元前 2 000 多年和田玉就在那里出现了，证明了和田玉的西运。周穆王西巡的路线，可能就是古老的玉石之路，这条路从陕西入河南，经山西、宁夏、甘肃，到达昆仑山。这条玉石之路是丝绸之路的前身，所以说东西方文化交流的第一媒介是和田玉，而不是丝绸、瓷器，玉石在东西方文化交流和各民族往来中的意义重大。

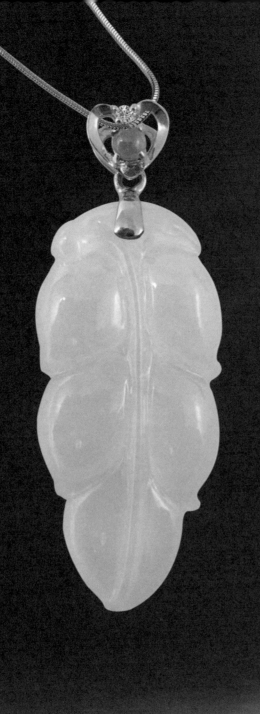

古生物篇

　　化石是地质历史上保留下来的生物遗体或遗迹。

　　在人类出现之前，地球上曾经生存过无数生物，但大多数生物死亡后，有一些遗体或活动痕迹被当时的泥沙迅速掩埋起来，经过亿万年的地质变迁，这些生物遗体中坚硬的部分（如动物的骨骼、牙齿、外壳，植物的枝叶等）和活动时留下的痕迹与周围的沉积物一起经过石化变成了化石。

　　地球上一层一层的岩石就像一本历史书，而化石就是这本书中的文字，向我们讲述着亿万年历史长河中生物的演变轨迹。

第一章　古生物化石概况

一、化石的种类

化石通常分为四类：实体化石、模铸化石、遗迹化石和化学化石。实体化石是古代生物的遗体全部或部分保存下来形成的，如恐龙骨架；模铸化石是古生物遗体在地层或围岩中留下的痕迹和复铸物，如植物叶子的印痕、贝壳留在砂土中的痕迹；遗迹化石指保存在岩层中的生物的活动痕迹和遗物，如恐龙脚印就是恐龙活动痕迹的化石，恐龙蛋则属于遗物化石；化学化石是在地质时期埋藏的生物遗体虽然遭到破坏没有保存下来，但是遗体分解后的有机成分仍然残留在岩层中形成的化石，这类有机物具有一定的有机化学分子结构，足以证明过去生物的存在。

我们知道，亿万年前的生物中仅有极少数以化石的形式保存下来。那么，哪些生物在什么样的条件下可以形成化石呢？

（1）具有硬体的生物较易保存为化石。最常见的化石是牙齿和骨骼，因为它们的有机质较少，无机质较多，能保存较长时间。然而，在非常有利的条件下，即使是非常脆弱的生物，如昆虫或水母，也能够形成化石。

（2）生物在死后必须立即掩埋，避免被毁灭。如果生物的遗体被活着的动物吞食后又被细菌等腐蚀，就不能形成化石。

（3）掩埋物质的类型对化石的形成和保存也有重要影响。如果生物遗体被化学沉积物（如 $CaCO_3$）或生物成因的沉积物所掩埋，形成化石的可能性就比较大。

二、生物的进化历程

45.4 亿年前，地球刚刚形成，上面一片荒凉和寂静，没有葱郁的树丛，没有娇艳的花朵，没有枝头的小鸟，也没有水中畅游的鱼儿。那么，这一切美好的生灵是从何而来，又是何时出现的呢？参考生命演化螺旋图，如果把地球的年龄比作一天 24 小时，那么，在凌晨 4 点钟左右出现了生命，在晚上 9 点一刻出现第一次生命大爆发，在晚上 11 点 19 分左右出现了哺乳类动物，而人类则出现在最后 1 分钟 10 秒处。

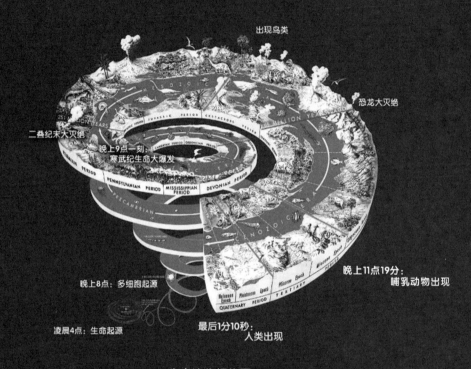

生命演化螺旋图

为便于对地球和生命演化的表述，地质学家和古生物学家将地球的年龄划分成一些单位，依次为宙、代、纪、世等，详见国际地质年代表。46 亿年的地质历史时期被划分为冥古宙、太古宙、元古宙和显生宙。宙又被划分为一些代，如显生宙包括古生代、中生代和新生代。每个代又分为若干个纪，如恐龙生活的时代——中生代被分为三叠纪、侏罗纪和白垩纪。 纪下面的分级单位为世，一般是将某个纪分成几个世。在各个不同时期的地层里，大都保存有古代动植物的标准化石。各类动植物化石出现的早晚是有一定顺序的，越是低等的，出现得越早；越是高等的，出现得越晚。

国际地质年代表（2016年）

宙	代	纪	世	距今年数/百万年	生物的兴盛种类	
显生宙	新生代	第四纪	全新世	0.01	人类	被子植物
			更新世	2.58		
		新近纪	上新世	5.33	哺乳动物	
			中新世	23.03		
		古近纪	渐新世	33.90		
			始新世	56.00		
			古新世	66.00		
	中生代	白垩纪	晚白垩世	100.50	爬行动物	裸子植物
			早白垩世	145.00		
		侏罗纪	晚侏罗世	163.50		
			中侏罗世	174.10		
			早侏罗世	201.30		
		三叠纪	晚三叠世	237.00		
			中三叠世	247.20		
			早三叠世	252.17		
	古生代	二叠纪	晚二叠世	259.80	两栖动物	蕨类植物
			中二叠世	272.30		
			早二叠世	298.90		
		石炭纪	晚石炭世	323.20		
			早石炭世	358.90		
		泥盆纪	晚泥盆世	382.70	鱼类	
			中泥盆世	393.30		
			早泥盆世	419.20		
		志留纪	顶志留世	423.00		藻类植物
			晚志留世	427.40		
			中志留世	433.40		
			早志留世	443.80		
		奥陶纪	晚奥陶世	458.40	无脊椎动物	
			中奥陶世	470.00		
			早奥陶世	485.40		
		寒武纪	晚寒武世	497.00		
			中寒武世	509.00		
			早寒武世	521.00		
元古宙	新元古代			1 000.00	细菌、蓝藻	
	中元古代			1 600.00		
	古元古代			2 500.00		
太古宙	新太古代			2 800.00		
	中太古代			3 200.00		
	古太古代			3 600.00		
	始太古代			4 000.00		
冥古宙				4 600.00		

1. 早期生命的出现

地球形成初期是一个炙热的火球。之后,地球逐渐冷却,大气和原始海洋中的化学元素在各种自然能量,如紫外线、闪电、宇宙射线、局部地热等的作用下,经过漫长的化学演化聚合成简单的氨基酸、核苷酸等,然后进一步聚合成蛋白质和核酸。蛋白质和核酸是生命的物质基础,但直到 38 亿年前生命才出现。

在生命诞生之后的 30 多亿年中,地球上仅仅出现过细菌和蓝藻等低等生物。蓝藻通过光合作用释放出氧气,使大气中的氧气含量逐渐增加,为更高等生物的起源创造了条件。

小知识

14 亿年前螺旋状化石桑树鞍藻的发现

杜汝霖教授在天津蓟县(今蓟州区)中上元古界内的桑树鞍地区发现了世界罕见的宏观藻类化石——桑树鞍藻。这是一种呈直线形、蛇曲形、螺旋形等多种产出形态的窄带状碳质宏观藻类,距今有 14 亿年。它的发现将宏观真核生物出现的时间提前 2 亿~4 亿年,受到国内外地学界的极大关注,杜汝霖教授也因此获得李四光地质科学奖。

14 亿年前的螺旋状化石桑树鞍藻

2. 新元古代

在 6.8 亿~6 亿年前的前寒武纪时期,澳大利亚南部的埃迪卡拉地区生活着腔肠动物门、节肢动物门和环节动物门(蠕虫)等低等无脊椎动物,这就是著名的埃迪卡拉动物群。

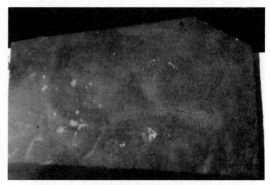

腔肠动物环轮水母   腔肠动物斯普里格虫

3. 古生代

寒武纪（5.42 亿 ~4.88 亿年前）：出现第一次生命大爆发。在 2 000 多万年时间内，地球上突然涌现出各种各样的动物，有节肢动物、腕足动物、蠕形动物、海绵动物、脊索动物等，形成了多种门类动物同时存在的繁荣景象。我国云南澄江动物群就是寒武纪生命大爆发的代表。

奥陶纪（4.88 亿 ~4.43 亿年前）：海洋无脊椎动物的全盛时期。那时，海侵广泛，很多地方都被浅海海水淹没。海洋中生活着笔石、珊瑚虫、鹦鹉螺、苔藓虫等。

志留纪（4.43 亿 ~4.16 亿年前）：原始的脊椎动物，如盾皮鱼类、棘鱼类等开始出现，这是生物演化史上的重大事件。在志留纪末期，陆生裸蕨植物出现，植物终于从水中走上了陆地，这是生物演化史上又一重大事件。

泥盆纪（4.16亿~3.59亿年前）：鱼类的时代，鱼类空前繁盛，种类和数量繁多。早期的四足类动物——鱼石螈在泥盆纪出现，它兼具鱼类和两栖类的特征，成为脊椎动物进军陆地的开路先锋。这个时期，裸蕨类植物已经占据整个陆地，形成大片森林。

石炭纪（3.59亿~2.99亿年前）：蟑螂、蜻蜓等古昆虫穿梭于丛林中，两栖动物也开始大量出现。石炭纪的植物非常繁盛，既有高大的乔木，也有茂密的灌木，这些植物成为现在煤炭的重要来源。

二叠纪（2.99亿~2.51亿年前）：第一批裸子植物出现。这个时期，裸蕨植物开始衰退，真蕨和种子蕨非常繁茂。

小知识

史前"巨型昆虫"——蜻蜓

盛夏时节，常常能看到灵动俏皮的蜻蜓飞旋于水边草丛，但是在3亿年前，这些蜻蜓并不可爱，它们的体型巨大，展开的翅膀竟能达70厘米。那时候的蜻蜓为什么长这么大个儿呢？科学家们推测，由于当时大气中的氧气浓度比现在高很多，高氧气含量促使昆虫进化成了大个体。

4. 中生代

中生代包括三叠纪、侏罗纪和白垩纪，是著名的"恐龙时代"。

三叠纪（2.51亿~1.99亿年前）：爬行动物崛起，其中包括令世人狂热的恐龙。从那时起，恐龙开始繁衍兴盛，迅速演化。迄今为止，海洋中出现的最大的爬行动物——鱼龙，也在三叠纪时期出现。到三叠纪晚期，原始的哺乳动物才出现。

侏罗纪（1.9亿~1.45亿年前）：恐龙成为陆地的统治者。凶猛的单脊龙、异特龙以及身体巨大的梁龙和腕龙等都活跃在侏罗纪。天空被翼龙控制着，早期的鸟类（如孔子鸟）也在侏罗纪出现。

孔子鸟化石

白垩纪（1.45 亿 ~0.65 亿年前）：恐龙仍然统治着陆地，并且出现了许多新的恐龙种类。翼龙在天空中滑翔，巨大的海生爬行动物，如鱼龙类、蛇颈龙类，统治着浅海。

中生代一直延续 1 亿 7 000 多万年，直到 6 500 万年前的白垩纪末，恐龙才神秘地从地球上全部消失。

5. 新生代

新生代是哺乳动物取得显著进化，显花植物取代衰退的蕨类和松柏类植物的时代。人类（人属）诞生于 400 多万年前，因此新生代也被称为"人类时代"。

小知识

泥河湾：东方古人类之源？

泥河湾是河北省阳原县东部的一个小村庄，位于桑干河上游的阳原盆地，那里被称为"东方古人类的故乡"。泥河湾保护区遗迹化石非常丰富，主要是晚新生代地层，特别是第四纪更新世地层出露完好。经过多年研究，科学家在该保护区地层中发现了哺乳动物（三趾马、中国犀、纳玛象）化石，还发现了丰富的低等脊椎动物（多刺鱼、蛙类）化石、软体动物（蚌、圆旋螺）化石、微体动物（介形虫、有孔虫）化石、植物与孢粉化石、湖相叠层石以及十分丰富的早期古人类文化和石器。

泥河湾很有可能改写人类单一起源的历史。迄今为止，考古学家发现全世界 100 万年以上的早期人类文化遗存有 53 处，而阳原县泥河湾遗址群就占 40 处。特别是马圈沟遗址的发现（其绝对年代为距今近 200 万年，是迄今为止我国发现的最早的人类起源地），在探索我国早期人类起源上有重大突破。

三、生物大灭绝

曾经繁荣一时的恐龙在中生代末期灭绝了,类似这样的情况不止发生一次。在地质史上,由于地质变化和大灾难,生物经历了 5 次自然大灭绝,分别发生在晚奥陶世、晚泥盆世、古生代末、晚三叠世和中生代末。

第一次生物大灭绝:在距今 4.4 亿年前的奥陶纪末期,约 85% 的物种灭绝。由于全球气候变冷和海平面下降,生活在水体中的许多无脊椎动物灭绝,三叶虫类在这次灭绝中元气大伤。

第二次生物大灭绝:在距今约 3.65 亿年前的泥盆纪后期,海洋生物遭到重创,约 82% 的海洋物种灭绝。这次生物大灭绝的原因还没有定论,有学者认为是由于全球变冷,也有学者认为是彗星撞击地球所致。

第三次生物大灭绝:在距今约 2.5 亿年前的二叠纪末期,地球上约有 96% 的物种灭绝,其中 90% 的海洋生物和 70% 的陆地脊椎动物灭绝。此次灭绝事件是地球史上最大也最严重的物种灭绝事件,与前两次大灭绝的原因不同,二叠纪末期地球经历了大规模的火山爆发,从而造成森林燃烧殆尽、生物因缺氧大批死亡。

第四次生物大灭绝：在距今 1.95 亿年前的三叠纪末期，估计有 76% 的物种，主要是海洋生物灭绝。这次生物大灭绝的原因也没有定论，推测可能是陨石撞击地球或大规模火山爆发所致。

第五次生物大灭绝：在距今 6 500 万年前的白垩纪末期，有 75%~80% 的物种灭绝，包括统治地球长达 1.6 亿年之久的恐龙。关于这次灾难的起因也有很多推测，多数学者认为是陨星撞击地球所致。

当今世界，由于自然资源的过度开采利用、环境污染等因素，许多物种灭绝或濒临灭绝。由于人类活动的影响，物种灭绝的速度比自然灭绝的速度快 1 000 倍。地球也许正在进入第六次生物大灭绝时期。

小知识

恐龙真的全部灭绝了吗？

白垩纪末期的生物大灭绝事件结束了恐龙的统治时代，但越来越多的证据证明，恐龙有后代存在，那就是鸟类。鸟类被认为是由恐龙中的虚骨龙类演化而来。虚骨龙类包括著名的中华龙鸟、小盗龙和驰龙等，它们拥有原始的羽毛等与原始鸟类相似的诸多特征。

很多人羡慕鸟儿有一双翅膀可以腾空而飞，可是鸟类的飞翔能力是从何而来呢？有关鸟类飞行的起源，学术界存在两种对立的假说。一种假说是地栖起源，就是说鸟类的飞行能力是由它们的祖先恐龙在奔跑和跳跃过程中逐渐腾空起飞形成的。另一种假说是树栖起源，即鸟类最初的飞行是通过借助树木的高度，先进行滑翔，后逐渐发展产生振翅飞翔的本领。我国恐龙专家研究认为：地栖起源假说更合乎情理，也更接近或更符合客观事实。

第二章　代表性古生物化石

一、石燕

石燕属于腕足动物门,生活于距今 3.5 亿年的古海洋中。石燕呈左右横向延伸,逐渐收缩上翘开张,像燕子张开的翅膀,因此得名。石燕还是药用化石,据李时珍《本草纲目》记载,石燕具有清凉解毒、镇静安宁的作用。

石燕化石

二、菊石

菊石属于软体动物门头足纲,生存于泥盆纪至白垩纪(距今 4 亿~6 500 万年)。菊石大小差别很大,最小的仅 1 厘米,而最大的可达 2 米。菊石外壳表面,有的光滑,有的有非常漂亮的纹饰。

菊石化石

三、昆虫

昆虫是世界上最繁盛的动物群体，早在 4 亿多年前就出现了。最早出现的昆虫是没有翅的，直到泥盆纪昆虫才进化出飞行能力，成为最早飞上天空的动物。

蜻蜓化石

四、狼鳍鱼

狼鳍鱼是我国热河生物群保存数量最多的鱼类。在白垩纪早期,我国辽西地区曾有一大片湖泊,那里生活着大量狼鳍鱼,它们三五成群地在水中悠闲地畅游,但是一场突如其来的火山喷发将它们埋在了厚厚的火山灰下,经过亿万年的地质作用,最终形成了我们今天看到的狼鳍鱼化石。

狼鳍鱼化石

五、海百合

海百合属于棘皮动物门海百合纲,是棘皮动物中最古老的种类,始见于奥陶纪,生活于海里,具多条触手,呈花状,表面为石灰质,长得像百合花,故而得名。

海百合的身体有一个像植物茎一样的柄,柄上端羽状的东西是它们的触手,也叫腕。在几亿年前,海洋里到处可见它们的身影。

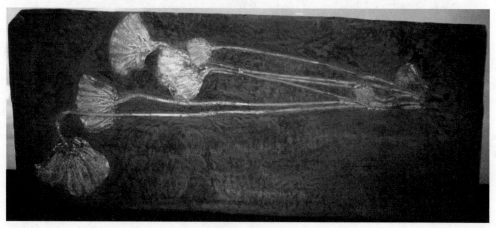

海百合化石

六、三叶虫

三叶虫属于节肢动物门三叶虫纲，因身体从纵横两方面来看都可以分成三部分：纵向上分为头部、胸部和尾部，横向上分为中轴及两边的侧叶部分，因而学者们给它起了个非常形象的名字——"三叶虫"。三叶虫的形状大多为卵圆形

三叶虫化石

或椭圆形，个体大小悬殊，最大的能够达到 70 厘米，而最小的不到 6 毫米。

三叶虫最早出现于 5 亿年前的寒武纪，寒武纪晚期时发展到顶点，此后从极盛的高峰走向衰退，到二叠纪末期绝灭。

三叶虫为卵生，在它们一生的发育中要经过多次蜕壳，现在的许多节肢动物都承袭了三叶虫的生长方式。

七、水中的霸主——鱼龙

鱼龙是一种外形类似鱼和海豚的大型海栖爬行动物。它们生活在中生代的大多数时期，最早在大约 2.5 亿年前出现，比恐龙出现稍早一点；大约在 9 000 万年前消失，比恐龙灭绝大约早 2 500 万年。在三叠纪早期，某种陆栖爬行动物

鱼龙化石

逐渐回到海洋中生活，演化为鱼龙，这个过程类似于后来海豚和鲸的演化。在侏罗纪时期，鱼龙分布尤为广泛。

八、空中的霸主——翼龙

翼龙又称翼手龙,是一种已经灭绝的爬行类动物,已发现约 100 个物种。尽管与恐龙生存的时代相同,但翼龙并不是恐龙,它属于会飞的爬行动物,生存于三叠纪晚期到白垩纪末期,即 2 亿 2 800 万 年 前 到 6 500 万年前。翼龙是第一种真

正能飞行的脊椎动物,它的翼是从位于身体侧面到四节翼指骨之间的皮肤膜衍生出来的。早期的翼龙有长且布满牙齿的颚部,还有长长的尾巴,看上去像凶猛的怪兽;晚期的翼龙长着大幅度缩短的尾巴且缺少牙齿,看上去像可爱的宠物。翼龙的体型差距非常大,有小如鸟类的森林翼龙,还有地球上出现过的最大的飞行生物,如风神翼龙与哈特兹哥翼龙(翼展超过 12 米,牙齿长达 10 厘米,有巨大的尖嘴),几乎各种各样体型的翼龙都有。

翼龙化石

小知识

为什么鱼龙和翼龙不属于恐龙?

今天的科学家在研究恐龙时将其划分为蜥臀目和鸟臀目,这是根据恐龙"腰带结构"的差异做出的划分。然而,翼龙和鱼龙没有那样的腰带结构,所以不属于恐龙。

九、硅化木

硅化木也称木化石、树化玉,是数亿年前的树木因种种原因被埋入地下,在地层中,树干周围的化学物质,如二氧化硅、硫化铁、碳酸钙等在地下水的作用下进入树木内部,替换了原来的木质成分,保留了树木的形态和结构,经过石化作用形成的植物化石,因其所含的二氧化硅成分较多,所以常常称为硅化木。硅化木能保留树的年轮、虫洞和树杈,玉化的硅化木称为树化玉或玉化树。硅化木主要生成于中生代,以侏罗纪、白垩纪最多。

硅化木(带虫迹化石)

硅化木(树化玉)

硅化木

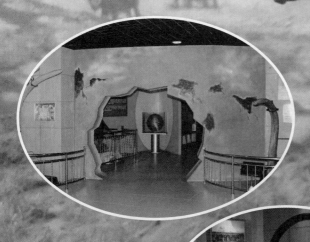

猛犸象门牙

十、猛犸象

　　猛犸象，又称长毛象，是世界上出现过的最大的象之一，也是陆地上生存过的最大的哺乳动物之一，其中草原猛犸象体重可达 12 吨。猛犸象与现代大象的不同之处是：它身上披着深色的细密长毛，并且具有非常厚的脂肪用以抵御严寒，门牙也比现代的象牙长。猛犸象大约出现在 480 万年前，随着全球气候变暖，开始走向灭亡，距今约 1 万年前，猛犸象灭绝了，这标志着第四纪冰川时代的结束。

恐龙篇

    恐龙是史前最庞大的爬行动物，想了解恐龙生活的时代吗？想知道恐龙是如何灭绝的吗？想知道恐龙家族中不寻常的家伙们吗？那就跟随我们的脚步，一起走进恐龙的时代吧！

第一章 恐龙概述

一、恐龙化石的发现

英国南部一名乡村医生曼特尔平时非常喜欢收藏化石。1822 年的一天,他和妻子偶然间在公路旁新开凿出的陡壁上发现了一些奇怪的骨骼和牙齿。这些牙齿在形状上很像鬣蜥的牙齿,但是要大若干倍,他从来没见过,于是拿着这些巨大的牙齿去请教多个专家。最后曼特尔认为这些化石应该来自一种灭绝的爬行动物,并将这种动物命名为"Iguanodon"(鬣蜥的牙齿),后来我国学者将它译为"禽龙"。

小知识

恐龙的命名

"恐龙"(Dinosaur)一词来自希腊语。随着这些远古动物化石不断被发现和发掘,它们的种类积累越来越多,许多博物学家已经开始意识到,它们在动物分类学上应该自成一体。1842 年,英国古生物学家理查德·欧文爵士用希腊文的 dino(恐怖的)和 saur(蜥蜴)两个词组合起来为这种生物命名,意思是"恐怖的蜥蜴"。我国科学家把它简捷地翻译为"恐龙"。

二、恐龙的分类

科学家根据恐龙腰带(又称骨盆)结构将其分为蜥臀目和鸟臀目两

大类。蜥臀目又分为蜥脚类和兽脚类,蜥脚类又细分为原蜥脚类和蜥脚形类,兽脚类又细分为虚骨龙类和肉食龙类。鸟臀目分为五大类:鸟脚类、剑龙类、甲龙类、角龙类和肿头龙类,见下表。

恐龙的分类

总目	目	亚目	代表性种类	说明
恐龙	蜥臀目	蜥脚类	迷惑龙、腕龙	包括所有肉食性恐龙和最大的植食性恐龙
		兽脚类	霸王龙、棘龙、迅猛龙、异特龙	
	鸟臀目	鸟脚类	副栉龙	都是植食性恐龙,包括那些长相很奇特的恐龙
		剑龙类	沱江龙	
		甲龙类	甲龙	
		角龙类	三角龙	
		肿头龙类	肿头龙	

三、恐龙时代

小知识

恐龙的生理特征

恐龙生理结构的研究开始于 19 世纪 20 年代的英格兰。当时的研究人员推测恐龙的心脏与呼吸系统类似哺乳类,而不是爬行类。自 1870 年开始,美国西部发现了许多比较完整的恐龙化石,这使科学家们可以提出更多的恐龙生理特征理论。现在科学界普遍认为,许多恐龙具有比现存爬行类更高的代谢率。小型恐龙可能是内温性动物(恒温动物),而大型恐龙则可能是巨温性动物(利用自身庞大的体型保存热量)。

中生代是爬行类动物统治地球的时代,代表动物就是恐龙。由于恐龙是当时地球上最繁盛、最具代表性的物种,统治地球长达 1.6 亿年,故中生代也称为"恐龙时代"。

恐龙在三叠纪晚期出现,鼎盛于侏罗纪、白垩纪早期,在 6 500 万年前的白垩纪晚期灭绝。

三叠纪距今 2.5 亿~2 亿年,约持续 5 000 万年。由于早期和中期延续了上一段时间的干旱,比较大型、原始的类哺乳爬行动物灭绝,体型相对娇小、进化更完善的爬行动物开始发展。三叠纪晚期恐龙出现,肉食性的虚型龙、腔骨龙,植食性的板龙等开始漫步大地,繁衍生息,地球从此进入恐龙时代并一直持续长达 1.6 亿年。

侏罗纪距今 1.99 亿~1.45 亿年,约持续 5 400 万年。侏罗纪时,大陆开始真正分裂,导致以后不同大洲的恐龙走上了独立演化的道路。那时植被茂盛,气候温暖湿润,恐龙等生物经历了 5 000 多万年的进化,衍生出形态各异的物种。

小知识

侏罗纪时期的代表性恐龙

腕龙,属蜥脚亚目(蜥臀目的一个分支),是一种四足植食性恐龙,曾被认为是陆地上最大的恐龙之一。它的外形像长颈鹿,拥有长脖子、小脑袋和一条粗短的尾巴,走路时四脚着地。腕龙的前腿比后腿长,每只脚有五个脚指头,每只前脚中的一个脚趾和每只后脚中的三个脚趾上有爪子。腕龙的牙平直且锋利,鼻孔长在头顶上。它们成群居住并一起外出。最有趣的是,腕龙生恐龙蛋时不做窝,而是一边走一边生,于是这些恐龙蛋就形成了长长的一条线。腕龙不照看自己的孩子,吃东西时不咀嚼就将食物整块吞下。

梁龙,用一条由 80 块骨头组成的长而渐细的尾巴保持身体平衡。

迷惑龙,体长约 22 米,体重达 26 吨,成群结队地在平原和森林中生活。

剑龙,背上有一排巨大的骨质板,尾巴上带有四根尖刺,主要用来防御掠食者的攻击。

当时肉食性的异特龙、角鼻龙、双脊龙等形成掠食性恐龙林立的局面。这时候的恐龙开始主宰地球了!

白垩纪距今 1.45 亿~6 500 万年前,约持续 8 000 万年。植食性的三角龙、鸭嘴龙、甲龙以及肉食性的霸王龙、阿贝利龙、鲨齿龙比较繁盛。这一时期的恐龙的体型明显更为巨大,如:巨型汝阳龙长达 38 米,体重达 100 吨;棘龙和霸王龙更是成为地球上有史以来最庞大的肉食性动物。

小知识

三角龙

三角龙是一种四足恐龙,体重达 12 吨。它和犀牛的形态有些相似,有非常大的头盾和三根角状物。长期以来,关于它们的头盾和三根角状物的功能有不同的解说。传统观点认为这些结构是抵抗掠食者的武器,但也有理论认为这些结构可能用于求偶和展示支配地位,如同现代驯鹿、山羊、独角仙的角状物。三角龙是白垩纪最强的植食性恐龙之一,霸王龙也不敢轻易捕食它们,因为一只成年三角龙完全有可能战胜一只成年霸王龙。

随着时间流逝,地球演变到了白垩纪末期,曾经不可一世的陆地霸主——恐龙神秘地消失了,恐龙时代也就此结束了。

小知识

《侏罗纪公园》

著名影片《侏罗纪公园》讲述了哈蒙德博士召集大批科学家,利用凝结在琥珀中的史前蚊子体内的恐龙血液提取出恐龙的基因,将已绝迹 6 500 万年的史前庞然大物复活,使整个努布拉岛成为恐龙的乐园,即"侏罗纪公园"。

其实《侏罗纪公园》中出现的恐龙大部分并不生活在侏罗纪,而是生活在白垩纪末期。影片的主人公霸王龙和迅猛龙是在白垩纪繁盛的肉食性恐龙,那个长得像犀牛的三角龙也生活在白垩纪,只有那个脖子很长的植食性恐龙梁龙才在侏罗纪出现。直到现在,关于能否通过提取恐龙的DNA将 6 500 万年前灭绝的恐龙复活的话题还在激烈的讨论之中。

四、恐龙的灭绝

恐龙曾经是地球上的霸主，它们种类繁多，可是这么庞大的恐龙家族为什么突然消失了呢？为此，科学家们提出以下假说：

1. 小行星撞击说

最流行的观点认为，恐龙的灭绝和 6 500 万年前的一颗大陨星有着密不可分的关系。据研究，当时曾有一颗直径为 7~10 千米的小行星坠落在墨西哥海岸，引起一场大爆炸。随后大量尘埃被抛向大气层，形成遮天蔽日的尘雾，导致植物光合作用停止，恐龙也因此灭绝。

2. 大陆漂移说

科学家认为，在恐龙生存的年代，地球上只有一块大陆，即"泛大陆"。由于地壳变化，这块大陆在侏罗纪发生了较大的分裂和漂移现象，最终导致环境和气候的变化，恐龙也因此而灭绝。

3. 物种斗争说

白垩纪晚期出现了一些小型哺乳动物，这些动物属于啮齿类食肉动物，可能以恐龙蛋为食。由于这些小型哺乳动物缺乏天敌，数量越来越多，最终吃光了恐龙蛋而导致恐龙灭绝。

4. 气候变迁说

6 500 万年前，地球气候徒然变化，气温大幅度下降，造成大气含氧量下降，恐龙无法适应变化了的环境，最终走向灭亡。

第二章　恐龙化石

　　恐龙化石是指埋藏在地下的恐龙的遗体、遗物或遗迹经过石化作用形成的产物。

　　恐龙化石的种类非常多,有骨头、牙齿、卵或粪便,甚至还包括脚印、巢穴和痕迹。科学家挖掘各种各样的恐龙化石,是为了探索亿万年前地球上生命的奥秘。

一、不寻常华北龙

　　河北地质大学地球科学博物馆珍藏着一具身长 20 米、头高 7.5 米、背高 4.2 米、推测体重达 50 吨的恐龙化石，该化石被命名为"不寻常华北龙"。为何取名为"华北龙"？是因为它产自华北地区的河北阳原县与山西天镇县之间的灰泉堡组地层中。为什么说它"不寻常"？首先，在全球范围内，骨骼完整度达到 30% 的大型恐龙就堪称世界级珍宝了，而它的骨骼完整度达到了 70%，为世界所罕见；其次，它是新科新属新种，填补了我国白垩纪晚期缺少完整蜥脚类恐龙化石的空白；再次，它是河北地质大学近 600 名师生的自主创新成果，不寻常华北龙的发现开创了我国高校自主挖掘、自主修复、自主研究恐龙化石的先河，培养了一大批科技人才。这条巨龙可以说是晚白垩世恐龙化石的代表，是迄今为止我国发现的晚白垩世晚期时代最晚、体型最大、保存最完整的蜥脚类恐龙化石。

不寻常华北龙复原图

不寻常华北龙化石

不寻常华北龙骨架模型

二、天镇龙

　　天镇龙是甲龙科的一个新属，它虽然没有不寻常华北龙的庞大身躯，但它全身布满骨板和瘤突，尾巴末端具有沉重的尾锤，凭借利刺、厚甲和尾锤这些重量级武器，足以与暴龙抗衡，属于恐龙族群中最后灭绝的一支。

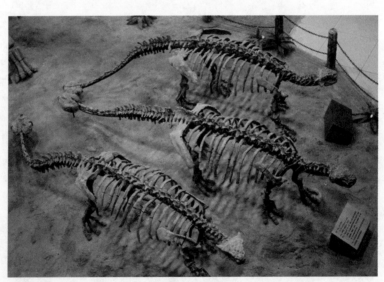
天镇龙化石骨架

不寻常华北龙及天镇龙的发现

　　河北地质大学庞其清教授是不寻常华北龙化石骨架的发现者之一。1983年,庞其清教授与中国地质科学院地质研究所程政武研究员,在河北阳原县与山西天镇县交界处的康代梁山东北坡进行地质考察时,发现了几块露出地表的骨骼化石。当时他们没有带任何挖掘工具,就凭借随身携带的小铁锤和手挖出了12节尾椎骨,并用木箱将其托运到中国地质科学院地质研究所。经过鉴定,这是恐龙的尾椎骨。但那之后的很长一段时间,由于种种原因,化石的进一步挖掘工作始终未能开展。

不寻常华北龙及天镇龙化石发掘点　　　　不寻常华北龙化石修复现场

　　直到1988年有关部门才终于同意挖掘,但当年的化石发掘地却难以寻觅。第二年,庞其清教授重返故地,找遍了附近相似的所有山头,终于找到当年的化石埋藏地。自此,庞其清教授带领挖掘队经过5年的挖掘,10年研究、修复、装架,最终复原出身长20米、头高7.5米、背高4.2米的体型巨大的恐龙骨架。

　　从1989年到1994年这5年间内,庞其清教授带领师生在阳原共挖掘出各类恐龙化石2 300多件。除了世界级珍宝不寻常华北龙外,庞其清教授和程政武研究员还挖掘出3条甲龙,其中一条长约5米、高近1米,被命名为杨氏天镇龙,另外两条还有待研究。以杨氏天镇龙为代表的保存完好的甲龙头骨和头后骨骼,为我国颇为缺乏的完整甲龙化石增加了新材料,对进一步复原恐龙生活的场景、研究恐龙时代的食物链提供了更多的证据。

三、鹦鹉嘴龙

鹦鹉嘴龙是鸟脚类恐龙,因生有一张类似鹦鹉带钩的鸟嘴而得名。鹦鹉嘴龙体长仅 1~2 米,是一种小型植食性恐龙。所有的鹦鹉嘴龙化石都发现于亚洲早白垩世沉积层,并且几乎所有中国北部与蒙古国这个地质年代的陆相沉积岩中都发现了鹦鹉嘴龙化石,这使它们成为这些地区该地质年代的标准化石。

鹦鹉嘴龙化石骨架

四、满洲龙

满洲龙生活在中生代的白垩纪晚期,体长近 9 米,高 2.7 米,是鸟脚亚目鸭嘴龙科的一个属,是一类以植物为食的恐龙。

满洲龙的化石骨架于 1914 年在我国黑龙江省嘉荫县发现。它是我国最早发现的恐龙,所以有"中国第一龙"之称。

满洲龙骨架模型

满洲龙的头上长着一张扁平的鸭子似的嘴,嘴里长有数百颗小牙齿,牙齿呈棱柱形,牙根细长,一层层镶嵌排列;前肢短小,自由悬在身体上部,可以用来抓取树上的枝叶;两条后腿粗大,尾巴很长,外形类似于三脚架装置,足以支撑其笨重的躯体。

五、单脊龙

单脊龙是一种肉食性兽脚类恐龙,身长可达 5 米,高 2 米,头骨长而粗壮,头顶具有发育良好的高耸的脊冠,所以单脊龙的属名意为"有单冠饰的蜥蜴"。单脊龙生活于河湖边与丘陵地,常被认为是一种以鱼类和小型恐龙为主

单脊龙骨架模型

食,以腐肉为辅食的恐龙,因为它们不太结实的骨骼构造很难捕食中、大型植食性恐龙,而它们轻盈灵活的头颈部和整齐的牙齿更适合捕食灵活的鱼类和小型恐龙。

六、四川龙

四川龙属蜥臀目兽脚亚目,是侏罗纪晚期游荡在四川盆地装备齐全且极凶猛的掠食者,化石发现于四川广元市城郊河西乡。

四川龙具有一般肉食性恐龙的身体形态:头大颈短尾长,前肢短而后肢强壮,三指型的

四川龙骨架模型

手部具有大而尖利的爪,体长约 6 米,高 3 米,牙齿显著侧扁且向后弯曲,齿冠前后缘均具有栅状小锯齿。四川龙包括两个已命名的物种:模式种甘氏四川龙和自贡四川龙。

七、霸王龙

　　霸王龙曾经是地球上最凶猛的恐龙之一，它的名字的意思是"残暴的爬行动物之王"。霸王龙是恐龙家族中的恶霸，体型庞大，头长 1.5 米，拥有强壮的腿骨、结实的肌肉以及大约 60 颗牙齿，它的牙齿像刺刀一样锋利，每颗牙齿长约 18 厘米，几乎是人的牙齿长度的 20 倍。它不擅长跳跃，一般独自或成双成对地捕食，采用突然袭击的办法捕获猎物，主要目标是幼崽和老弱病残者。霸王龙是最晚灭绝的恐龙之一，也是陆地上已知的最强大的肉食性动物之一。

霸王龙头骨模型

八、恐龙足迹

　　恐龙足迹是恐龙在温度、黏度、颗粒度非常适中的地表行走时留下的足迹，它是化石的一种，由恐龙脚丫"踏"出来，可以看成是留在岩层中的一种沉积结构，具有恐龙骨骼化石无法替代的作用。骨骼化石保存了恐龙生前身后一些支离破碎的信息，足迹化石保存的却是恐龙在日常生活中的精彩一瞬。这些足迹化石不仅能反映恐龙的日常生活习性、行为方式，还能解释恐龙与其环境的关系，是古生物学家梦寐以求的宝贵信息。中国目前最大的恐龙足迹是在江苏省东海县马陵山上发现的，该足迹长达 82 厘米，为三趾型，是白垩纪晚期鸭嘴龙留下的。

恐龙足迹

九、恐龙蛋

恐龙是卵生动物。第一枚恐龙蛋是由美国自然历史博物馆组成的中亚探索考察队于 1922 年在蒙古戈壁沙漠中发掘到的,随后恐龙蛋在世界各地陆续被发现。据研究,恐龙蛋的形态有圆形、卵圆形、椭圆形、长椭圆形和橄榄形等。恐龙蛋大小悬殊,小的与鸭蛋差不多,直径不足 10 厘米,大的长径超过 40 厘米。蛋壳的外表面光滑或具点线饰纹。窃蛋龙、驰龙、伤齿龙等小型兽脚类恐龙的蛋一般是长形的;马门溪龙、梁龙和雷龙等四条腿走路的大块头恐龙的蛋是圆形的;鸭嘴龙那样的鸟脚类恐龙的蛋是椭圆形的;至于中生代霸主——霸王龙的蛋是什么模样,目前还没有确切的信息。

中国是世界上恐龙蛋化石埋藏异常丰富的国家,全世界 90% 以上的恐龙蛋产自中国。

巨长形恐龙蛋　　　　　　　　　　圆形恐龙蛋

参考文献

[1]　陈世悦.矿物岩石学 [M].北京:石油大学出版社,2002.

[2]　杜远生,童金南.古生物地史学概论 [M].北京:中国地质大学出版社,2010.

[3]　姜尧发,孙宝玲,钱汉东.矿物岩石学 [M].北京:地质出版社,2009.

[4]　李胜荣.结晶学与矿物学 [M].北京:地质出版社,2008.

[5]　李娅莉,薛秦芳,李立平,等.宝石学教程 [M].北京:中国地质大学出版社,2006.

[6]　舒良树.普通地质学 [M].第三版.北京:地质出版社,2010.

[7]　童金南.古生物学 [M].北京:高等教育出版社,2007.

[8]　夏邦栋.普通地质学 [M].第二版.北京:地质出版社,1995.

[9]　姚凤良,孙丰月.矿床学教程 [M].北京:地质出版社,2006.

[10]张蓓莉.系统宝石学 [M].北京:地质出版社,1997.

[11]朱筱敏.沉积岩石学 [M].第四版.北京:石油工业出版社,2008.

[12]百度网,http://www.baidu.com/,2016-08-08.

后 记

河北地质大学地球科学博物馆始建于 1954 年,具有 60 多年的办馆历史。新馆建于 2006 年,位于河北地质大学校本部,为五层建筑结构,建筑面积 3 080 平方米,标本 2 万多件,展出 8 000 余件。

地球科学博物馆是全国国土资源科普基地、全国科普教育基地、河北省省级科普基地、河北省首批科学素质教育基地、河北省科普教育基地、河北省国土资源科普基地、河北省爱国主义教育基地、石家庄市爱国主义教育基地、石家庄市青少年科普教育基地、石家庄市科学素质教育基地、石家庄市中小学科技创新基地等,设立四个常设展厅:

一层为宇宙与地球厅,重点展示了宇宙与地球的起源和组成。借助声、光、电、模型和图片,展示了地球的圈层结构、大陆板块、漂移学说、地球的内动力地质作用和外动力地质作用,以及高山、陆地、海洋、冰川、溶洞的形成等科学知识,直观而形象。

二层为岩石与矿物厅,展示了多种沉积岩、岩浆岩、变质岩标本,以及琳琅满目的矿物标本。厅中还展出了我校 50 周年校庆时温家宝总理赠送的珍贵岩矿标本和建馆之初中央人民政府地质部赠送的标本,以及我校名誉校长李廷栋院士赠送的标本。

三层为宝石与矿产厅,展出了天然珠宝玉石、人工宝石以及各类金属、非金属、能源等矿产资源。展厅还设有电子矿产资源分布图,利用光电效应展现了我国主要矿产资源的分布情况。

四层和五层为恐龙与古生物厅。其中,四层展出了晚白垩世一个新的恐龙类群,它是庞其清教授带领我校师生自主创新的科研成果,开创了我国同类高校恐龙研究的先河;五层展出了有关生命起源、生物进化的图片以及各阶段的珍稀化石。